『ムーブ！』

多くの困難を乗り越え、
関西からスクープを発信し続けた、
"あの"番組スタッフの記録。

西日本出版社

序

『ムーブ!』という番組があった

生放送の報道情報番組には、いろいろなスタイルがある。政治や経済といったニュース中心なのか、芸能・エンタテインメント色が強いのか、買い物やグルメなど地域密着情報が多いのか。

朝日放送で平日の夕方に4年半続いた『ムーブ!』は、どれも扱った。

地域行政に関しても取材をし、それを受けてスタジオでコメンテーターが討論をした。

その日発売の雑誌や夕刊から、面白い記事をピックアップした。

芸能も、専門のコメンテーターが解説をした。店紹介もあった。

やらなかったのはバーゲンとか料理とか、ステレオタイプの主婦に受けるネタだけだ。

幅広いテーマを扱った『ムーブ!』が、どんな番組であったのかを、ひとことで説明するのは難しい。

大物芸能人がレギュラー出演するわけではない。司会は元、も含めて朝日放送アナウンサー。関西ローカル。予算も潤沢とは言えない。時間帯は夕方。それぞれを見ると、非常に地味だ。ところが、他のどの番組もつかんでいない情報を、サッとつかんでパッと出すところがあった。それが続いて、大阪に、朝日放送に『ムーブ!』あり、と認識されるに至った。地味なくせに、力がある。そのギャップも手伝ってか、視聴率として現れる以上に、話題になった。

話題になった理由を、出演していたコメンテーター陣にあると分析する向きもある。はっきりと発言する人間だけが席を占めていた。その発言に、番組ならではの傾向はない。それぞれの言っていることはバラバラで、共通しているのは「思ったことをはっきり言う」点だけ。

当たり障りのないことを言わないのだから、彼らは誰からも嫌われない人間ではない。熱狂的なファンも、強いアンチもいる。

誰からも嫌われない人のことは、離れてしまうとすぐ記憶から消える。けれど、好きでも嫌いでも、何か大きな印象を持った人間のことは、なかなか頭から消えない。消したつもりでいても、折にふれて思い出す。

『ムーブ！』もそういう番組になるだろう。強く応援してくれる人も、嫌悪感を示す人も多くいた。嫌悪感は、関心の一部。彼らも、何かことが起きた時、『ムーブ！』ならどう報じていただろうと思い返すに違いない。

存在感のある番組を作り、育てたのはスタッフだ。

番組を統括するプロデューサーであり、コーナーを担当するディレクターであり、その下にいるアシスタントプロデューサー、アシスタントディレクターたちだ。

そして台本を書く作家、調べ物をするリサーチャーがいる。

出演者にメイクをするヘアメイク、服を用意するスタイリストがいる。

アナウンサーが読み上げるモニターに出す画面を作る人がいる。フリップを作る人がいる。

放送には、音声やカメラ、照明の専門家も欠かせない。生放送だから時間の管理も重要だ。

彼らがいたから、『ムーブ！』があった。

ムーブ！

最後のオンエア

2009年3月6日15時50分。

「6」にチャンネルを合わせている関西のすべてのテレビ画面は、CMを終え、杏里の『ムーブ・ミー』をBGMにし、CGから大阪朝日放送9階にあるCスタジオの風景に切り替わる様子を映し出していた。

ダークグレーのスーツにグリーンのネクタイを合わせたメイン司会者のABCアナウンサー・堀江政生が深々と頭を下げ、口を開く。

「こんにちは」

1051回目の挨拶だ。

左隣に座る、ピンクのブラウスを着たサブ司会者の関根友実の「こんにちは」を待って、堀江が続ける。

「3月6日。金曜日の『ムーブ！』です。4年半にわたってお伝えして参りました。今日が

1051回目という、なんとも半端なんですけど、これが最終回という、まあ、いかにも『ムーブ！』らしい終わり方なんです。けれど、今日も、いつものように、やって参ります」

今日最初に報じるのは、西松建設による〝違法〟献金問題。

3日前、民主党代表・小沢一郎の公設第一秘書が逮捕された。それを受けて同様に献金を受けていた自民党の議員が、〝違法性のない〟献金を返還しようとしている。そのニュースだ。

与党議員の釈明VTRが終わると、コメンテーターの作家・吉永みち子がすかさず指摘する。

「違法性がないんだったら返す必要ないわけで、なんでこんなみんな、『持ってちゃいけない、いけない』みたいな感じで返そうとしているのか。そのこと自体、私たちは見てますよ、白けてますよ」

フリーライターの山本健治が引き取り、大阪弁で続け、VTRに対して「何を言うてんやお前は」と締める。

今日のコメンテーターはふたりの他、関西弁の作家・若一光司、そして標準語を話す経済ジャーナリスト・財部誠一だ。

関根は、コメンテーターの話に頷きそして進行に注意を払いながらも、思う。

「こんなに関西弁が少ない番組、関西ローカルであり得なかった」

関根は兵庫県出身。関西ローカルの番組では、アナウンサーはもとより、ゲストからも関西弁が飛び出すのが当たり前と思っていた。

ところが、『ムーブ!』は違った。

2006年4月から司会に加わった関根は、2004年10月の初回から欠かさず司会を務めてきた堀江とは違い、『ムーブ!』を視聴者として見ていた時期がある。

当時は、不思議な番組だと感じていた。

関根は、朝日放送のアナウンサーだった。

1995年の入社から2000年の退社まで、バラエティ番組を中心に担当してきた関根には、『ムーブ!』のスタジオは、沈黙が多すぎると映っていた。

もっと言葉を繰り出して盛り上げなくていいのだろうかと思っていた。そのころは。

今はそうは思わない。映像を見て、事実を知って、言葉を失くすことは誰にでもある。無理に騒ぎ立てねばならない理由はない。

『ムーブ!』にはリアリティがある。

番組は、CMをはさんで、イラクからの生電話リポートコーナーへ進んでいた。

バグダッド近くにいるジャーナリストの西谷文和へ、堀江が呼びかける。

「西谷さん」

返事がない。

「西谷さん」

繰り返す。関根も呼びかける。

「西谷さん」

間。

「はい、西谷です」

「ああ、つながりました」

2003年3月、『ムーブ!』が産声を上げる1年半前に始まった戦争の、最後のリポートは、15分近くを割いて伝えられる。西谷の撮ったVTRの合間合間に、堀江が、コメンテーターが西谷に問いかける。さらに、スタジオ左側にある大きなモニターに映し出される原稿を、ABCアナウンサーの上田剛彦が歯切れよく読み上げる。

上田は『ムーブ!』で延々と、この大モニと呼ばれるモニターに映し出される原稿を読み続けてきた。横書きで左から右へ、きれいに流れる原稿ばかりではない。縦に読ませたり吹き出しがあったり、はたまた途中で文字が現れたり重なったり、ただ読むだけでも目が泳いでしまうような、ダイナミックな原稿だ。覚えようにも、オンエア直前で変わることもしばしば。驚異的な集中力と反射神経で、原稿を今日も読む。

ただ、4年半前を振り返ると、そのころ大モニに映し出されていたのは、もっと単純な原稿だった。複雑になってきた原稿に、上田はスタッフの愛を感じている。

イラクのコーナーの終わりがけ、「最後に。西谷さんね」と、堀江が問いかける。

「危険な取材だと思いますが、なぜイラクへ行き続けるんでしょうか」

イラクには、劣化ウラン弾による被爆者がたくさんいる。

日本と同じだ。

「他の戦争と比べるわけではないが」と西谷は前置きして続ける。

「被害者の数がすごく多い。それがイラクにこだわっている理由です」

続いて、コメンテーターのコーナー。「週刊若一ワールド」、そして「財部経済シンクタンク」だ。

「財部経済シンクタンク」の今日のテーマは「テレビ業界の未来」。

「絶望的な部分と、希望のある部分がある。それを今日は客観的にお話したいと思います」

テレビ業界は今、前代未聞の不景気に見舞われている。2008年度の中間決算ではテレビ局127社のうち55社が赤字だ。

広告収入が激減し、その一方で、地上デジタル放送の設備投資に費用がかかっているからだ。

大モニでは、民放連会長の「(放送開始以来)58年の歴史で最悪。下半期はさらに厳しい」というコメントが紹介される。

それを財部は「広告収入に依存した経営そのものが危機に瀕している」と分析する。昭和の時代は、化粧品や洗剤などの消費財の業界にとって、テレビCMによってシェア順位が決まるほどの影響力があった。

「大量生産、大量消費の時代の話です」と財部は言う。

しかし、市場は成熟し、価値観は多様化する。バブルの崩壊もあった。多くの企業はビジネスモデルを変えた。変えざるを得なかった。

「かつて、総合商社は輸出入の手数料を得て成り立っていた。でも、それでは儲からなくなってきた」

財部の解説は明快だ。

今や商社は、鉄鉱石を発掘する会社へも出資し、鉄板という商品の卸業者の役割も担いと、仕事の中身をフレキシブルに変えてきた。

しかし、テレビ局だけが、それをしてこなかった。

堀江が尋ねる。

「いろんな企業の業績が上がってきた時に、また広告収入は戻りますか」

「戻りません」

財部はそう言い切った。

大モニの画面が変わり、関根が文字を読み進める。

「ある放送局の2007年度決算で、売上高は約750億円でした」

朝日放送の2007年度の売上高は757億8700万円。

「そのうち、テレビの広告収入は500億円」

放送局はその収入源をテレビ広告に頼っている一方で、テレビに出される広告は3年連続で減っている。

「企業サイドはとっくに変わっちゃったのに、テレビ局のビジネスモデルだけが周回遅れのまんまなんですよ」

財部の解説は続く。

「消費者は賢くなっていて、テレビでCMをやっているからこの車を買おうとか、インターネットに広告が出ているから買おうとかいう人はいないわけですよ」

誰もが思っていることを、はっきりと言ってくれる番組。そして、自らが抱える問題点もすべて出す。結果として、の事情で出せない時も、出せるよう最大限の努力をしてきた。

「一方、テレビ業界には重大な問題があります」

堀江が促し、関根が朝日新聞が報じたばかりのニュースを紹介する。総務省と民放局との間で「下請けいじめ」を是正するためのガイドラインをまとめたというものだ。

テレビ番組の多くは、放送局が作っているわけではない。放送局の発注を受け、制作会社が作り、それが放送局に認可された電波に乗る。

ところがその発注に、契約書が伴わないこともある。あっても、契約金額が記載されないケースも珍しくない。そして、事前に提示のあった金額が支払われないこともある。

それが、これまでのテレビ業界の〝常識〟だったのだ。

「さらにもうひとつの問題が、同じ番組、同じ現場で働くスタッフの〝給与格差〟が深刻であることです」

関根が指示棒で示す大モニには、ある番組の例が書かれている。

スタッフ約60人。そのうち、テレビ局社員は9人。制作会社の社員は約50人。

『ムーブ！』の場合もスタッフ約60人。そのうち、テレビ局社員は9人。制作会社の社員は約50人だ。

では収入はどうか。東京・大阪の放送局の例としてテレビ局社員の年収は「1200万円〜1500万円」、対して制作会社社員の年収は総務省の調べで「436万円」。

財部ははっきりと指摘する。

「テレビ局社員の給与を半分にしてでも、同一労働・同一賃金にすべきだ」と。

「テレビ局として、今守るべき価値あるものは何なのかということなんですよ」

放送局はどこも、業績が落ち、番組制作費を削っている。

コンテンツを守るべきなのか、高い水準にある生活レベルを落とさないために、放送局社員の給与を維持するべきなのか。

「ここにまったく手をつけられないなんておかしい」と、財部は雇用問題に踏み込む。

「去年11月12月、テレビ局はどれだけ『格差だ』と、派遣切りを批判しましたか」

格差を内包するテレビ局が、それが法の認める範囲であっても、過剰に「派遣切り批判」報道をしたことで、製造業者が「日本で物を作るリスクが大きい」と判断し、国内には二度と工場を作らなくなる――財部はそう主張する。

「日本の雇用環境を実質的に崩した罪、それは本当に大きいと思いますよ」

コーナーは、テレビ局のとるべき対策へと話が進む。

「企業が無条件でスポンサーになりたくなる〝クオリティの高い番組〟を作れ！」

それが財部の結論だ。

堀江の振りを受けて、芸能コメンテーターの井上公造が言う。

「この狭い日本にテレビ局が多すぎる。こんなにいっぱいいいるだろうかと」

隣の席の山本が異論を唱える。

「地方は地方なりのニュースがあるんですよ。それを報道していくことも大事」

「そのとおりなんですけれど、たとえば」、井上の提案はこうだ。九州なら福岡にキー局的なものを置いて、他の県には支局を置くようなシステム。

「合併をするということですか」と堀江。

「網の張り方を変えていくということですか」、これは関根。井上が引き取る。

「これはね、認可事業であることとか、地方の場合はバックに新聞社がついていたり、クリアにしないといけない問題がある」

堀江が同意し、促す。

「法律の問題がまずあるんですけどね。でもそういうことをしてもいいんじゃないか、と？」

「僕はそう思います」

「井上さんの言うことはよくわかる」、財部は言う。

業界全体がへこんでいる。放送局各社はこのままでは今後立ち行かない。

「たくさんあるから立ち行かないわけじゃなくて」と、これは山本。「あなたがおっしゃるように、ちゃんとした中身にお金を出したいという人が現れてこなければ……」

「だからね」、財部が補足する。「そういう意味です。クオリティを落としまくって、経費削減しまくって残っていくことに意味はない」

ここまで黙っていた若一が、堀江に促されて口を開く。

「根本的な構造転換が必要ですね。テレビ局そのもので言えば、もっともっと大胆なリストラと言いますか、余剰人員がいっぱいいてると思うんですね。どこのテレビ局見てもね、何も仕事しない人が仰山いますよ」

今度は吉永。

「中身がスカスカになっている部分がありますね。視聴率で営業してスポットＣＭを売っていくっていうところから、この機に、今までできなかったクオリティへの転換をどういう風に果たしていくかを提案できるか、できないか。それと、テレビ局が〝制作〟の能力をどんどん

〝安い〟ところへ売り渡してきてしまった」

「放棄してきてしまったんですね」と財部。

「そう、それは魂を売っているにも近いことだった」、吉永は続ける。「だからそれを取り込んで、もう一回制作能力を取り戻すか、あるいは本体は不動産管理会社みたいになるか」

山本が割って入って、カメラが吉永から山本に移る。

「だからテレビ局も普通の会社になるべきなんですよ。契約も口約束だけみたいなそんなんじゃなくて、ちゃんとした企業に」

堀江が流れを整える。

「経営者にも耳が痛いと思いますけど、社員も耳が痛い話がいっぱいありました」

財部、堀江、関根のスリーショットに画面が切り替わる。

「番組がなくなってしまったら、一番困るのは僕らだったりするんですよね、真面目な話ね」

東京出身の堀江の言葉に、関西のアクセントが少し混じる。

「だから本当にね、原点に帰って」

厳しいことを言ってきた財部の声に、わずかに希望が混じり始める。

「みんなネットネットって言うけれどね、ネットはテレビにはかないませんよ。やっぱりテレビには力があるから。その力を、コンテンツでありクオリティでありを、どうしたら見直せるのかを考えるべきですよ。何を守るかっていうことを考えるべきですよ」

「心に沁みました」

堀江がそう言って、コーナーは終わった。

CMをはさみ、山本の「関西オンリーワン企業」、それからニュース。たいてい3〜5本のニュースがあるが、今日は「関西でも定額給付金の給付が始まった」という1本のみ。引き続いて天気コーナー、ライブカメラのとらえる明石海峡大橋向こうの海は、夕日の落とす光で輝く。昼過ぎまで降っていた雨が上がっていたことを、スタジオにいる人間は、ここで知った。

続いて、「ニュースシアター」。ライターやジャーナリストの書き下ろした1000字程度の原稿を、堀江と上田が読み上げるコーナーだ。通常は2、3本を放送するが今日は1本だけを堀江が読む。

CM前、関根が自身の本の告知をする。今日発売。アレルギーとともに生きた半生を、初めて綴った『アレルギー・マーチと向き合って』（朝日新聞出版）だ。

「『ムーブ！』のみなさんに触発されました」と関根。

この番組がなければ、この番組を通して自らと向かい合うことがなければ、決して書くことのなかった本だ。

続いて、短いVTR。橋下徹大阪府知事からのメッセージが流れる。

「以前出ていたということを抜きに、一番厳しく、批判・ご意見、いただいたということは非常に感謝しています」

弁護士である橋下がテレビに出るようになったのは、『ムーブ！』の前身とも言える、『わいど！ABC』である。

「そういう意味で、僕の原点だと思っています」

17時半を過ぎ、最後のコーナーは芸能。井上を相手に進行を務めるのは、ABCアナウンサーの加藤明子だ。『ムーブ！』の放送開始から、この芸能コーナーを担当してきた。

彼女がひと言話し出すと、ライトがひとつふたつ余計に点灯したような、そんな明るさを周囲にもたらす。

4年前、『ムーブ！』で芸能コーナーを担当すると決まった時、まず、芸能との距離の取り方に悩んだ。それほど興味のある分野ではなかったからだ。「芸能ですか？」というのが本音だった。当時、28歳。振り返ればまだまだ生意気だった。

いつものように曇りのない笑顔をカメラに向け、コーナーの最後、井上から「『ムーブ！』

の芸能班は、日本一の芸能班だと僕は思ってます」とのコメントを引き出した。

加藤は今、改めて思う。「やっぱり『ムーブ！』が好きだ」と。

放送開始直後に、オープニングに使われていた、26秒間の映像が流れる。青空にオレンジ色の『ムーブ！』の文字が輝く。

「２００４年の10月の４日、このタイトルとともに『ムーブ！』はスタートいたしました。私たちの持ち分、時間は、あとわずかに迫っております」

カウンターテーブルの前に並んだ出演者の真ん中で、堀江がそう切り出す。後番組の紹介をし、コメンテーターにひと言ずつ求める。

「大阪の活力、関西の活力をもっと伝えなあかんぞ！」

山本が叫び、出演者が笑い、いくらかしんみりとし始めていた空気が崩れる。

「一回も大阪に来るのイヤや思ったことない」、この番組に出るようになって大阪弁バイリンガルになった吉永はそう言った。続いて若一。

「初めはね、この時間帯に報道を中心とした言論番組なんて成り立つんかな、半年続いたらいいほうじゃないと思って始めましたが、４年半、見事に続きましたね。これだけ問題の多い番組で、これまでよう続いたなと思いますね」

『ムーブ！』は複雑系の番組である」と語り始めたのは財部だ。複雑系とは、誰が号令をかけるわけでもなく、〝いつの間にか〟拍手や行進のリズムや足並みがそろうことを言う。

「この『ムーブ！』という番組を、誰かがこんな風に作ろうなんて、実は誰も明確なものがあったわけじゃなくて、スタッフと、出演者と、何となく何とはなしに合わさっていきながら、とんでもなく力のある番組になったという点で、稀有な番組で、二度とできないだろうなと思います」

財部が話している間、出演者ではない人たちが、画面に映し出された。

「これをひとつの歴史として、みんな誇りに持てると思いますね」

映像が、出演者の後方からのものに切り替わる。画面には、4台のカメラが見え、その後ろに、出演者たちと向き合うようにして40人近い人間がいる。ほとんどが黒のTシャツを着ている。先ほどちらりと映った人たちだ。

カメラが堀江と関根のツーショットに切り替わる。少しずつ堀江に寄っていく。

「私も始めた時には、こんな問題の多い番組で、とんがった番組で……」

堀江の台詞に、コメンテーターから笑いが起きる。カメラが堀江に寄る。

「こんなとんがった番組は、自分たちが丸くなるか、それか、早く終わるか、どっちかしかないだろうなと思っていました。ところが、どういうわけだか、4年半続けられました。もっとやりたい思いはあるんですけれども、4年半も続いたっていうことも、これもまた、ひとつ大きな、びっくりすることだったんです。なぜ続いたかと思うと」

そこまで言って、堀江は右側へ視線を送る。4人のコメンテーターが立っている。

「やはり、コメンテーターの人たちが、みんな真剣に語り合いに来てくれた。新しい情報と新しい知識と、自分たちのすべてを振り絞って、『ムーブ!』に臨んできてくれた。そのことを、私たちは視聴者の皆さんに伝える役目をしてきたつもりです。その視聴者のみなさんが、びっくりするくらい反応してくれた」

左へ振る。それを受け止めるように「はい」と関根。堀江が続ける。

「その反応は、痛かったです。正直言ってしんどかったです。でも、それだけ、視聴者の方々が、しんどいって我々が思うくらいに、怒りとかそういうものを、僕らにぶつけてきてくれた」

「通じ合っている気がしましたね」

しみじみと言う関根に堀江が大きく頷く。

「視聴者の方々とつながっていられた番組だったんじゃないかなあと思って。4年半、あっと言う間でした。一瞬で通り過ぎましたけれど、それだけ、充実していたんだと思います」

静かに流れていたBGMが、少しずつ大きくなる。ABBAの『Move On』だ。番組開始当初のエンディングテーマ。

「あのー」、負けじと堀江は声を張る。

「僕は、視聴者のみなさんに、ぜひ、褒めてやってほしい連中がいます。こいつら、なんですけれども」

指揮者のように手を広げる。その先に並んだ、普段はカメラの前に立たない人たちが、20人、いや、30人、映し出される。

最初の呼びかけに「こいつら」以外に適した言葉はなかった。一緒にやってきた仲間なのだから。

いつもは映し出される側にあるカメラが、いつもは映し出す側の絵をとらえる。その映像が、電波に乗る。

「スタッフです」

関根が言う。

コメンテーターが拍手をすると、居並ぶスタッフの中で少し前に立つ、フロアディレクターと呼ばれるふたりが、「45秒前」と書かれたボードを掲げる。

それが『ムーブ！』の残り時間。

関根がもう一度言う。

「最高のスタッフです」

スタッフからも、拍手。「ありがとう」とでも言うように。

ほとんどが、揃いのTシャツを着ている。前面には、白地を敷いてコメンテーターの顔。背面には首のあたりに小さく、『ムーブ！』のロゴ。

堀江がまた、語り始める。赤ペンを持ったままの手ぶりを添えて。

「この人たちは、大袈裟じゃなく、寝食を犠牲にして、一つひとつのコーナーを、丁寧に丁寧に……それは、ミスもありました、怒られることもありました、行き過ぎたこともありました。だけれども情熱を持って、このスタッフたちは、必死になってコーナーを作って、4年半、この番組を支えてくれました」

画面下に、番組の終わりを知らせる文字が現れ始める。「映像協力 tv asahi」

「視聴者のみなさん、ぜひ、こいつらを、褒めてやってください」

そこまで言って、堀江は気がついた。

これをここで言うために、4年半やってきたのだと。

「残り、20秒弱、ということになりました。この大勢の、って言っても60人くらいかな、のスタッフで、視聴者にお礼を言って、番組を締めたいと思います」

画面には、衣装協力のクレジットが表示される。その後、画面右下に、「ＡＢＣ」の文字。

「みなさんどうも、ありがとうございました」

堀江が、関根が、上田が、加藤が、コメンテーターが、そしてスタッフが、頭を下げる。

スポンサークレジットが画面に重なり、「この番組は……」と、アナウンスが入る。

画面の隅で、フロアディレクターがふたりそろって片手を挙げ、野球のボールを投げるようにして広げる。

終了5秒前。

そこへ、頭をあげた堀江が、一呼吸置いて、番組開始当初と比べて8キロ落ちた全身から、声を振り絞る。

「『ムーブ！』のような番組、また、やりたいと思っています」

その叫びは、鋭く深く、突き刺さる。視聴者にも、スタジオに入れなかった多くのスタッフにも。

「さよなら！」

スタジオに拍手の音が響く。

3秒前。2、1。

2009年3月6日17時53分。

4年半という長時間耐久レースを、全力で駆け抜けた『ムーブ！』が終わった。

プロデューサー・奈良の挑戦

奈良修は、建物の中に入るとそれが何年ごろに作られたものなのかが、だいたいわかる。古い建物ほど天井が低く、頭上に圧迫感を与えるからだ。元高校球児の奈良は、身長が184cmある。

大阪北区大淀南なにわ筋に面した朝日放送本社が竣工されたのは1966年で、奈良にはやや窮屈な建物である。

2004年4月午前4時、その4階。春とはいえ明け方特有の冷たい空気の中を、奈良は圧迫感を覚えつつも悠然と歩いていた。薄暗い廊下に並ぶ自動販売機に硬貨を入れ、缶コーヒーを買う。

節電という大義名分のもと、照明が落とされた自動販売機を、奈良は気に入らない。

「見るたび気が滅入るわ。こんな時間に働いてるの、『コール』のスタッフと泥棒ぐらいやて」

しかし、顔は怒っていない。

どちらかというと、笑っている。

相も変わらず、仕事が楽しいからだ。

放送局に入ってから、20回目の春が巡っていた。

奈良は、朝日放送の1日を始める情報番組『おはようコールABC』のプロデューサーだ。

朝3時に出勤して各局横並びのヨーイドンで準備をし、5時から本番。7時に放送を終える。早朝なのか深夜なのか、この時間に出社するスケジュールに同情されることもあるが。パッとやってパッと帰るのは悪くない。

4年続いたこの生活パターンも、間もなく終わる。

夕方の2時間枠の情報番組『わいど!ABC』の打ち切りが決まっていた。その後番組を、奈良が担当することになっている。

『わいど』は、朝日放送の看板番組だ。月曜から金曜まで、平日の4時ごろから6時ごろまで生放送をし、10年続いた、歴史ある番組と言っていい。１９９4年3月に『ワイドＡＢＣＤＥ～す』としてスタートし、何度か名前を変えリニューアルをして２００4年まで放送を続けてきた。

ターゲットは主婦。料理コーナーあり、特売情報あり、クイズあり。お笑いタレントが出演する、バラエティの色が強い情報番組として、関西では先駆け的な存在だった。視聴率も高く、「朝日放送に『わいど』あり」とまで言わせた番組だ。しかし、１９９9年10月にライバル局である毎日放送が、もっとくだけた雰囲気の『ちちんぷいぷい』の放送を開始し、２００2年ごろから勢いを増すと、『わいど』は迷走を始める。

『ぷいぷい』の視聴率が10％を超えることが珍しくなくなる一方で、『わいど』は4％を切ることも増えてきた。

テレビ業界に入って20年を過ぎた奈良の目に、『わいど』の打ち切りは当然に映った。朝日放送は夕方の情報番組から撤退してもいいのではないかとも思った。

朝や夜の時間帯と比べると、夕方は儲からないのがこの世界の常識だ。

テレビを見ている人の絶対数が少なく、したがって視聴率も上がらないため、スポンサーがつかないからだ。

損得だけを考えれば、ドラマの再放送などで時間を埋めるのが合理的なのだ。

しかし、世の中は合理性だけでは動かない。メンツがある。

誰が言い出したわけでもないが、社内には「あの『わいど』が『ぷいぷい』に負けて終わった形にしたくない」という雰囲気が漂っていた。したがって、『ぷいぷい』に負けて朝日放送が終える情報番組は、『わいど』ではない、別の番組でなくてはならない。

負けるための番組には、当然潤沢な予算は用意されない。負けるためと言いながら、でも、視聴率が低いままであることは許されない。

そこに、奈良は手を挙げた。

誰も関心のない枠でなら、好きなことがやれる。それに、やり方によっては、勝てる。そう思ったからだ。

各番組を束ねる編成部門には、「視聴率5％、シェア20％が目安」と言われていた。

視聴率とは、その瞬間瞬間で、放送エリア内のテレビが、どれだけその番組を映しているかを示すもの。電源の入っていないテレビも含めて計算する。多くの人が寝ている深夜早朝より、自宅でテレビを見られるような、夜の時間帯のほうが軒並み視聴率がいいのは、そのせいだ。

シェアとは、占拠率とも言い、その時間帯に電源の入っているテレビのうち、どれだけの割合が、その番組を映しているかを示す。ついていないテレビのことは考慮しない。テレビを見ている人のうち、どの程度がその番組を見ているかの目安だ。

「5％なら、なんとかなるやろう」

それが奈良の読みだった。

『コール』のスタッフルームに戻った奈良は、須々木亨に声をかける。

「須々木さん、終わったら一軒行きませんか」

細面の顔に半分白い髭を蓄え、ひょうひょうとした雰囲気の須々木は眼鏡の奥からちらりと奈良に視線を返す。

「行きましょか」

オンエアのあと、コメンテーターを送り出し、朝食会を兼ねた反省会を終えると朝8時過ぎにその日の仕事は終わる。奈良と須々木は並んで外へ出て、朝から営業している行きつけの食堂を目指す。

春の風が鼻をくすぐる。

ときおり、出勤してくる社員とすれ違う。「これから仕事か、大変だな」口には出さないものの、優越感に似た気持ちが湧き起こってくる。

小さなテーブルに向かい合って座る奈良と須々木のこのところの話題は、夕方の新番組だ。

「新しい番組をやるなら、連れてって下さい」

新番組の噂を聞きつけた須々木がそう志願した時には、奈良は新番組でも須々木と組むことを決めていた。

奈良は、入社以来報道局の外へ出たことがない。記者経験は長く、取材をすることには慣れている。けれど、映像作りの経験は、須々木に敵わない。

須々木は朝日放送の社員ではない。いわば流しのテレビ屋だ。大阪芸術大学を卒業後、一貫して映像の世界に身を置いてきた。元々は映像カメラマン志望だったが、視力が悪くて諦めた。ディレクターに徹し、テレビ番組だけでなく、コマーシャルや教育用のビデオも手掛けてきた。『コール』に来るまでは、結果として『わいど』の首を取ることになる『ぷいぷい』でディレクターをしていた。『コール』のてこ入れのため映像のプロを探していた奈良が、須々木の所属する制作会社に声をかけたのがきっかけで、仕事を共にするようになった。

当初は、『コール』と『ぷいぷい』を掛け持ちしていた。

須々木は、奈良という男が大好きである。

プロデューサーとしての奈良には多少問題がある、と内心は思っている。

放送局の正社員であるプロデューサー、つまり奈良のような立場の人間の仕事は、番組全体の統括だ。デパートで言うなら店長。

しかし奈良は、番組内のコーナー作りをそれぞれの担当ディレクターに任せず、細かなことまで口を出してくる。店長があらゆるフロアの商品展示に事細かに指示するようなもので、現場としてはたまったものではない。

その一方で、予算管理能力に欠ける。

本来なら現金出納帳を管理するべき立場なのに、誰よりも財布の中身を気にせず「面白いならやってしまえ」という雰囲気を自ら作る。

しかし、奈良のその仕事ぶりに、根っからの映像職人である須々木は魅かれてしまったのだ。

テレビの作り手にとって、早朝の番組はあまり魅力的ではない。どうせやるなら視聴率のとれるゴールデン、または、話題になる深夜のバラエティでやりたいというのが多くのテレビマン・ウーマンの本音。

ともすれば、早朝の番組の担当者は腐りがちにもなる。

奈良にはそれが一切なかった。むしろ面白がってやっていた。

「別にいいんちゃう」と思うようなところまで口うるさいほどの情熱を見せる。納得がいかなければ、VTRの再編集をさらりと指示する。再編集と言えば簡単に聞こえるが、そのためには編集できる人間と機材を抑える必要があり、時間に加えて経費がかかる。

そんな男がどんな新しい番組を作るのか、そしてそれにかかわれるのが、須々木は楽しみで仕方がない。

奈良はビールを飲む。酒を飲めない須々木はお茶を口に運ぶ。

「やっぱりな、ニュースでいこうと思ってるんやけど」

「おもろいですね」

夕方にニュースをやることに、周囲は首をひねっていた。失敗するだろうという雰囲気があった。

夕方の視聴者は、家にいる主婦である。勝負に行くなら、グルメであり料理であり、ショッピングでありプレゼントである。事実、裏番組となる『ぷいぷい』はそれで数字を伸ばしている。それが周囲の常識だったのだ。

しかし、奈良は、「夕方にニュースなんかやっても受けない。視聴率は取れない」というのは思い込みだと信じていた。

数多の番組作りにかかわってきた須々木も同感だった。

世の中の動きにもっとも敏感なのは主婦である。その背景を知りたいに違いないと思っていた。なぜ物価が上がるのか、医療の現場が崩壊しようとしているのか、小泉総理が支持を集めているのか。それをきちんと知りたがっているのではないかと感じていた。

ふたりの間で、話は早かった。

「『コール』の手法でやればええんや。夕方4時からの番組では、朝刊紹介では遅いから、夕刊で」

『コール』では、その日の朝刊からあらゆる記事を紹介し、そこにコメンテーターが論評を加える。

それを踏襲しようと考えた。

「当然、モニターも使いますよね」

新聞を映し、スタジオを映すだけでは間が持たない。『コール』では、スタジオに大きなテレビを持ち込んで、そこに文字や写真を映し出し、それをアナウンサーが読み上げたりカメラで撮影して電波に乗せていた。

「カメラは一班でええんちゃいますか。１日何度も出てもらいましょ」

ＶＴＲ取材は必要なところだけに絞る。カメラ班にはカメラマンとアシスタント、それにドライバーが欠かせない。

つまり、人件費がかかる。

「若くて経験なくてええわ。練習のつもりでいいから、安くやってもらわな」

『コール』も低予算の番組だが、新番組もそれは同じだった。

番組に与えられた予算は１日あたり約３００万円。決して多い金額ではない。金がなければ人は出せない。そこで絞るのが知恵である。取材に出られる人間がいなければ、その部分は他に頼るしかない。

「ユルい話もやりましょう。バカバカしいようなんも」

厨房のほうから音がする。もうすぐつまみが運ばれてくる。割り箸を割る。

そうやってそろえた素材をスタジオで料理するのは、司会者であり、コメンテーターだ。この人選がキーとなる。複眼的なものの見方を提供するため、コメンテーターは幅広く、複数必要だ。

人選と言えば、須々木の他のスタッフをどうするか。

そこでようやく奈良は、あの男の姿を最近社内で見かけないことを思い出した。

『わいど』を離れ、朝7時からの『おはよう朝日です』のディレクターとして仕事を始めた入社9年目の木戸崇之は、慣れない朝番組のせいか、肺炎を患った。

退院し、1週間ぶりに出社したその日、『わいど』がなくなることを知った。

自分がかかわっていたこと、それ以上に、10年も続いた大きな番組がなくなることがショックで、自席で茫然としていると、頭の上から声が降ってきた。

「どこ行ってたんや。探したぞ」

実年齢より若く見られる木戸は、丸い目をさらに丸くして奈良を見上げる。

「いや、僕、入院してたんですよ」

「昼飯行かんか。話がある」

断れるわけがない。木戸は奈良の後を、弾むようにしてついていく。

木戸は、入社前から奈良のことを知っていた。大学時代に放送研究部に所属していた木戸は、朝日放送の報道局の技術セクションでアルバイトをしていたのだ。隣にあるニュースセクションに、長身の男がいるのは嫌でも目に入る。当時の奈良の印象は「頭の切れる人、声の大きな人」。それからときおり、熱いあまりに「周りから浮く人」。木戸とは、正反対のタイプだ。

その奈良が、声をかけてきた。

新番組立ち上げへの誘いだった。

奈良は「固い番組をやりたい。それしかできへんので」と言った。

木戸は思った。「そうやろうな、奈良さんはもともとニュースの人やし」と。そして、「けど、固い番組で数字取れるのかな」とも思った。

なんせ、平日の夕方である。

奈良は「これまでこの時間に見たい番組がないと思っていた人に、テレビのスイッチを入れてもらうんや」と言った。

面白そうだと思った。テレビ番組の立ち上げは、まだやったことがない。

やってみたい。

やる前に、ひとつ疑問を解いておきたくなった。

「奈良さん、なんで僕に声かけてくれはったんですか」

奈良は即答する。

「こんなこと任せられるの、お前くらいしかおらんやろう」

交渉成立。この話はこれでひとまず終わり。

伝票をつかんで立ち上がった奈良の顔には、そう書いてあった。

「こんなこと」が何なのか、木戸にはわからないままだ。

奈良には『コール』の後に放送される『おは朝』の現場にいる木戸が、少し浮いて見えていた。そして、新しい番組で奈良の手足となり頭脳の一部となって働いてくれる予感があった。

お互いがお互いを、「浮いている」存在と認め合っていた奈良と木戸。「浮いている」人間同士がタッグを組んだら、どうなるか。

ご想像のとおりである。


奈良と須々木、木戸の3人でのミーティングは幾度となく重ねられた。

「長い名前はあかん。どうせみんな略すから。『おはよう朝日です』は『おは朝』やし、『おはようコールABC』は『コール』やし」

会議室で奈良が言う。須々木と木戸が頷く。

「短いのがええな」

それも、番組のコンセプトをバシッと提示できるような。

「どういう番組にしたいんかを、もう一度まとめましょか」

政治・経済・事件・事故・芸能。何でも扱う。ただ扱うだけではない。それがどういうことなのか、見解を示す。押し付けはしない。「こういうことではないか」「こんなとらえ方もあっていいのではないか」、テーマを用意し、ひとつふたつ、考え方を提示し、最後は視聴者に考えてもらう。

「パッと議論の波紋が広がる番組にしたいんや」

「波なら、『ウェーブ』やな。『ウェーヴ』か」

「悪くないな。候補や」

おりしも2004年は、「で、なんなんや。どんな意味があるんや。これによって今後どうなるんや」と誰かに聞きたい出来事が頻発していた。

元旦に小泉総理は靖国神社に参拝し、陸上自衛隊はイラクのサマワへ向かった。そのイラクでは日本人3人が人質となる事件が起こり、国会では連日のように議員の年金未納問題が取り上げられていた。皇太子が「雅子の人格を否定する動きがあった」と発言し、北朝鮮からは長年拉致されていた5人が帰国した。

「視聴者の、羅針盤みたいになりたい、いうことやなあ」

「羅針盤言うたら、『コンパス』や」

「うーん。なんやくるくると同じとこで回ってるイメージや」

「前に進まんな」

2004年。夏に、参議院選挙を控えていた。

この国はどこへ行くのか。自分の将来はどこにあるのか。そういった疑問は、世の中に、あるいは人々の心の底に澱のようにたまりつつあった。

ただそれが、声に、形にならない。同じところにとどまっていて、どこかを目指す動きとなって見えてこない。

世の中にムーブメントを起こすような番組を作りたい。たとえ敗戦処理の番組と、社内から思われていても。

「『ムーヴ』はどうや」

「車の名前みたいや」

ダイハツに、ムーヴという車がある。

「『ムーブ』でもええ」

「短くてええな」

他にも候補は上がったが、結局のところ、『ウェーブ』か『ムーブ』かに落ち着いた。調べてみると、朝日放送にはかつて『ニュース・ウェーブ』という夕方のニュース番組があったことがわかった。

まだどこにもない番組を作るのだ。同じ名前にはしたくない。消去法で『ムーブ』が残った。奈良は紙に書いてみた。最後に『！』を加えたほうが、座りがいいような気がした。

新番組のタイトルは、『ムーブ！』に決まった。

『ムーブ！』の放送時間は約2時間。そこに8つの枠を作る。枠とは、一回のCMが終わり、次のCMが始まるまでの、5分から20分程度の時間の塊のことだ。それぞれの枠で何をするかを決めるのは、プロデューサーの仕事である。

早朝の番組を手掛けてきた奈良には「視聴率を上げて次の番組に渡す」美学がある。そのためには、芸能コーナーを最後の枠に持ってくる。その前が雑誌のコーナー。夕刊紹介がその前。その前に、長めのVTRを使った特集コーナー。ここは須々木に任せれば安心だ。

もう一度、今度は頭から構成を考え直す。オープニングはニュース。『ムーブ！』の次はニュース番組だから、ニュースを入れるなら冒頭がいい。ニュースにも、ニュースセンターから出してもらうものの他、『ムーブ！』で独自に取材するものも入れる。コメンテーターに担当してもらうコーナーはこのあとだ。それから、「これってどうなってるの」といった疑問を解き明かすもの。「ムーブ！の疑問」のことだが、当初は、視聴者から疑問を募るスタイルではなかった。ただ、木戸が「視聴者とやり取りするようなものをやりたい」と言っていたのは気になっていた。

次は予算。これが奈良は不得手だった。こんなことに時間をかけたくない、と思った。

そこで奈良は木戸を呼んだ。構成を見せてこう言った。

「俺は予算のことは全然わからへん。これやろうとするとどれくらいかかるのか、調べてくれ」

木戸は呆れた。

なんというプロデューサーかと。二の句が継げないでいる木戸に、奈良は当然のことのように付け加える。

「お前は同じ夕方の『わいど』もやってたから、大体わかるやろう」

奈良は、最初からそのつもりで木戸を『ムーブ！』に誘っていたのだった。

人・物・金。若くしてこれらを管理できる人間は、そうはいない。人はともかく物と金の管理が苦手な奈良に、どうしても必要な人材が木戸だった。奈良は、漏れ聞こえる声から、木戸の管理能力を高く評価していた。

「わかりました。そんなならまとめてみます」

無理やり木戸にそう言わせ、これでコメンテーター集めに集中できると奈良は思った。

強力なコメンテーター、結集

ニュース番組や新聞や雑誌で報じられているものを料理する。同じ素材を料理するなら、料理人の腕がいいほうが旨くできるに決まっている。その料理人が、コメンテーターだ。

素材が情報である時、腕がいいとは、すでにあるものに、誰も知らないような情報や、見落としがちな見方を付加できることだ。それを自分の言葉で表現できることだ。それができるのは、自分で取材をして文章を書いている人間だと奈良は思った。

奈良の父親は、朝日新聞の記者だった。論説委員も務めた。奈良も一時期、同じ世界を目指そうとしたことがある。しかし、父親から話を聞くたび、自分にはその才がないと思った。

「新聞社には天才がおる。これには勝てない。自分にはテレビくらいがちょうどええ」

そう思って、朝日放送に入社した。物書きに対するコンプレックスがあるのは自覚している。あえて「書く人間であること」を、コメンテーターを選ぶ条件の中心に据えた。

基準は、正しいことを書いているかどうかではない。文章に、「そんな考え方があるのか」と目を見開かせる力があるかどうかで決めた。大阪ローカルの情報番組には必ずといっていいほど席を占めるお笑い芸人は、おのずと候補から外れた。

東京や名古屋から、情報番組のビデオを取り寄せた。コメンテーターとしてこれはと思う人物がいれば、テレビ朝日と朝日放送の共同制作番組である『サンデープロジェクト』のプロデューサーで、東京での人脈も豊富な古川知行を通してアポイントを取った。

奈良は東京へも足を運び、一人ひとりに出演交渉をした。手にはいつも、木戸が作った番組のコンセプトシートが握られていた。「時代はどこへ？　アナタはどこへ？　〝現代〟がわかる新・情報番組」とあり、ひときわ大きな文字で『ムーブ！』。その下に、短い文章がある。「戦後60年。多様で自由な価値観がようやく芽生え始めた日本。いま世界で何が起きているのか、この国はどこへ向かっているのか。暗闇の中に、ひとつの選択肢を指し示す論客達。井戸端会議をしているだけでは始まらない。『ムーブ！』はそんな時代の羅針盤でありたい……」

断られたこともあった。しかし、コメンテーターが集まらなければ、奈良の考える番組は成立しない。何度も何度も東京へ足を運んだ。

ただ、古川の紹介ということもあり、『ムーブ！』を『サンプロ』の大阪版と勝手に勘違いした出演者もいたようだ。それなら出てみたい、と。

奈良が必死に頭を下げて回った結果、2004年10月4日から8日まで、最初の1週間のレギュラーコメンテーターは、以下の人物が務めた。

月曜　宮崎哲弥／二宮清純
火曜　福岡政行／勝谷誠彦
水曜　二木啓孝／石坂　啓
木曜　大谷昭宏／吉永みち子
金曜　若一光司／浅井慎平（隔週）／財部誠一（隔週）

そうそうたるメンバーである。

これに、芸能担当として山崎寛代、佐々木博之、みといせい子、二田一比古、井上公造が、日替わりで加わる。

全国をネットする東京キー局でなら、あるいは、予算の豊富な番組なら、そう珍しくもない顔ぶれかもしれない。

しかし、大阪である。しかも、夕方。

放送はおよそ2時間だが、東京からの往復を考えれば、一日仕事になる。決して高い出演料を支払えるわけではない。

ならば、番組を好きになってもらうしかない。出たいと思ってもらうしかない。思う存分、好きなことをしゃべってもらおう。奈良は腹をくくった。

「ようこれだけ集めたな」

社内からの声が、奈良の耳にも入り始めていた。

こういった百戦錬磨のコメンテーターを仕切る司会は、長年ニュースを読んできた、堀江政生に決めた。

堀江は、新番組を奈良が担当すると聞いた時、声がかかる気がしていた。しかし、実際に誘われてみて少し驚いた。サブは山本モナだというからだ。ふたりとも関西の出身ではない。大学はどちらも東京だ。自分はいわゆる「関西のおばちゃん」に受けるタイプではない。どちらかというと、山本もそうだ。

親しみやすさが求められるはずの夕方の番組の常識では、このふたりが並ぶなんて、考えられないことだった。

「俺とモナで、数字取れるんですか」

そう言うと、奈良は少し嫌そうな顔をした。

「みんなと同じことを言うなよ」と。

奈良は、堀江と山本に加え、リポーターとして、前の『わいど』から上田剛彦と加藤明子に残ってもらうことにした。このふたりも、関西出身ではない。

大阪で、東京のような番組が作られつつあった。

ニュース枠を巡る攻防

当時、朝日放送の報道局にはニュースセンターと社会情報センターがあった。ニュースセンターとはその名のとおり、ニュース番組を作る部署だ。府警記者クラブに記者を張り付かせ、事件事故があれば中継車を出す。現場から届く映像を編集してニュース番組としてオンエアするまでを、一貫して行う。

一方の社会情報センターは、『コール』『わいど』などの情報番組を作るセクション。『ムーブ!』

も当然ここに入る。

奈良は『ムーブ！』にニュース枠を作りたかった。ニュース枠とは、生放送にときどきある、「それではここでニュースです。ニュースセンターの○○さん、お願いします」あるいは同じスタジオにいても「ではここでニュースです」といった感じの、あの短いコーナーのことである。

通常、これといった事件事故がない時は、ここで視聴率が下がる。しかし、台風が来ている時などは、はまる。『ムーブ！』にニュースがないと、次のニュースは18時過ぎになる。

どうしても欲しかった。

しかし、ニュースセンターはそれをよしとしなかった。

「協力できへん」

8月。会議室で、向かいに座ったニュースセンターの何人かのうちのひとりはそう言った。

奈良には、居並ぶ顔はみな同じ腹を抱えているように映った。

「そこを何とか頼めんやろうか」

地声の大きな奈良の声がひときわ大きくなる。

『ムーブ！』の前番組である『わいど』が、番組終了間際にニュース枠をなくしていたことが、ニュースセンター側の、社会情報センターに対する心証を損ねていた。

奈良には、その言い分もわかる。

ニュース枠は数字を落とすからと、『わいど』側がニュース枠の廃止を提案した時、ニュース枠は残すべきだと考え、会議でもそう発言していたくらいだ。

気持ちはわかる。けれど、そこをあえて頼んでいるのだ。

ニュースセンター側は首を縦に振らない。

「一度断ってきたのだから、ニュース枠が欲しいなら社会情報独力でやれ」というのが言い分だった。

無理な話だ。金も人手もないのだから。しかし、そう言いたくなる気持ちはわかる。しかし、どうしてもニュース枠が欲しい……。

話は堂々巡りだ。

その場をとりなしたのは、ニュースセンターのデスク・安田卓生だった。

「なくせと言ったり作れと言ったり、勝手やなあ」と言いながらも、頑さはなかった。「まあ、そこまで言うんやったら、やってもええと思いますけど」と、小さく、しかし低く響く声で穏やかに、奈良の望む方向にその場を誘導してくれた。

安田は、奈良と同期入社である。

1984年に入社した社員のうち、報道に配属されたのは4人。2004年のこの時まで、報道の現場に残り続けているのは安田と奈良のふたりだけだった。

ただし、安田が上海へ赴任して戻ってくると、今度は奈良がパリに赴任するといった感じで、擦れ違いが多かった。

一度、一緒の仕事をしたことがある。ふたりともニュースにいた、87年ごろのことだ。徳島の山中に、フィリピン人妻がたくさん住んでいる集落があった。そこで奈良が延々と取材したテープを、安田が本社で受け取り、短く編集してオンエアした。

放送を見て激昂した奈良が、電話をかけてきた。

「なんであの場面切ったんや！」

「だって、時間内に入らへんやろう」

安田の言うとおりなのだ。

安田のこの冷静さが、奈良にはない。

したがって、奈良とニュースセンターとの間の火種は、その後何度かくすぶることになる。

ニュースセンターが取材したテープを借りて編集し、『ムーブ！』で流す。コメンテーターが、被取材者に対して辛辣なことを言うと、クレームは、取材をしたニュースセンターの記者やディレクターのところへ跳ね返ってくる。

「社会情報にはオリジンのテープを貸さん。ニュースセンターで編集したものを出す」

奈良は何度かそう言われた。ニュースセンターの言い分はこれももっともだ。一生懸命取材して作ったものに、文句を言われるのはかなわない。

しかし、奈良にしてみれば、20秒や30秒に編集されてしまったテープでは、足りない。『ムーブ！』ではもっともっと、徹底的に使いたい。そうすれば、番組はもっとよくなる。

「そもそも」と、奈良は思ったことをそのまま口に出してしまう。

「朝イチの『コール』には丸投げで使わせ放題やないか。そんなら『コール』にもニュースセンターで編集したもんを出せ。そのために深夜も早朝も作業せえ」

かあっ、とニュースセンターのメンバーの頭に血が上る音が聞こえるようだ。

「そんな言い方したら、逆効果やって」

胸の内でつぶやいて、実直を絵に描いたような安田は、呆れるばかりである。

２００４年９月。朝日放送の人事としては異例の時期に、編成局企画開発部にいた藤田貴久に、報道局社会情報センターへの異動が内示された。

『ムーブ！』をやれというのである。

奈良の2年後輩にあたり、報道が長かった藤田は「望むところだ」と思った。日々のニュースを消費するのでなく、これはと思った事件をじっくりと追いかけたい気持ちが、藤田にはあった。『ムーブ！』でならできると感じていた。

藤田は福井県の出身である。京都にいた大学時代、ウインドサーフィンをしていた古い友人が行方不明になった。夏休みで藤田は帰省しており、マージャンをする約束をしていた、ちょうどその日。あのあたりでは、海にさらわれると能登半島の先に上がる。藤田は同級生と一緒になって海岸線を探して歩いた。しかし、ボードも友人も、一切が見つからない。

拉致かも知れないと思った。

消えた友人は、どこにいるのか。本当は、世の中はどうなっているのか。それに俄然興味がわいた。

工学部で、使用済み核燃料の再処理施設で使われるシステムの研究をしていたが、報道に携わる道に進むと決めた。そう告げると、担当教授はわなわなと震え出した。

力試しのつもりで受けた朝日放送から内定が出た。本命だった新聞社の試験日は、研究発表の日に重なっていた。

季節はずれの藤田の異動は、奈良にしてもありがたかった。奈良から見た藤田は、「人脈が広く、とんでもないネタを拾ってくる奴」だ。けれど、周りがその価値になかなか気づかない。「こんな時期にスッと来てもらえるとは」と、奈良は内示の貼り紙を見て、ドラえもんに出てくるのび太がそのまま大人になったような藤田の風貌を思い浮かべた。「さては、編成局で浮いていたな」

もちろん、来てほしくて熱烈に誘い、それが叶って加わった戦力だが、浮いていた男がすでにふたりもいるチームに、さらに浮いていた男が加わると、どうなるか。

想像するまでもない。

『ムーブ!』スタート

Bスタジオには熱気がこもっていた。10月とはいえ、山本と加藤のノースリーブ姿に何の違和感もない。スタジオの、カメラの向こうにいるスタッフを見て、「すごい数だな」と堀江は思った。『ムーブ!』に、直接関係のない社員の姿もある。

1989年入社のベテランアナも、新番組のスタートとなると、さすがに緊張する。

ふと、社内視聴率を思った。どれだけの社員が、この番組のスタートに注目しているだろうかと。何度か耳にした「視聴率は3%も取れない」「半年持てばいいほう」、そんな声が頭の中で再生される。

すぐにその邪念は振り払う。それを考えてしまうと、いるはずの視聴者の姿が、想像できなくなるからだ。

「10秒前でーす」

フロアディレクターの声がかかる。

「8、7、6、はい5秒前でーす、4、3、VTRからでーす」

気持ちを集中させる。

キュー。

パ・リーグにおける楽天とライブドアの争いについてのVTRが流れる。今日取り上げるテーマのひとつだ。それから『ムーブ!』のオープニングタイトル。

「関西の夕方に新しい風、『ムーブ!』スタートです」

堀江は声を弾ませる。

カメラがスタジオの堀江と、その横に座る山本をとらえる。

「こんにちは。10月4日、今日からスタートしました『ムーブ！』、朝日放送の新しい番組です。このムーブというのはムーブメントから来ていますから、今、関西で何が起きているのか、その今を切り取って、みなさんと一緒に考えていこうという番組です。今、日本を切り取るのに、今、日本でもっともこの方々が、鋭いコメントを辛口にしてくれる。今日も3人、来ていただいています」

宮崎哲弥、二宮清純、山崎寛代の月曜レギュラーのコメンテーターと、ゲストコメンテーターである日刊スポーツの寺尾博和が紹介される。

そして、堀江、山本、それから脇に座る上田と加藤が自己紹介。ホームページで行っているアンケートへの参加を促す。

最初は「Today's ムーブ！」。『ムーブ！』が厳選し、独自に作った今日一押しのニュースだ。大リーグで年間262安打、打率3割7分2厘の打率を残したイチローの今シーズンを振り返る。二宮、寺尾のコメントが冴える。

それから通常のニュースを山本が読む。看護師による入院患者虐待、大阪府が教師の給与に評価の反映を決定、それから、阪神タイガース代打の神様・八木の引退。

ＣＭをはさんで、「Today's ムーブ！」の続き。大モニの前で上田が原稿を読む。米大統領選で、ブッシュとケリーがテレビ討論会を行った話、それから、季節はずれの桜が開花している話題。ＶＴＲでは加藤がリポートしている。

スタジオでは、この秋の桜の話が盛り上がる。咲いていることを知らせるだけではないからだ。原因は度重なる台風で葉が落ちたこと、この気象状況では秋にも花粉症が発症するかもしれないという事実……。電話でつないだ識者の、花粉症患者には厳しい見解に、コメンテーターも興味津々だ。和気藹藹と、ひとしきり盛り上がった。

二度目のＣＭに入ったとたん、奈良がスタジオに飛び込んでくる。堀江に向かって言う。

「遅い」

すっとスタジオの空気が冷える。コメンテーターが聞き耳を立てるのがわかる。堀江は務めて冷静に流す。

「あ、ほんと？」

対照的に、奈良はたたみかける。

「押してるってわかってる？」

「わかってますよ」

「10分押してる」

本来ならここまでで25分程度のはずが、35分かかっている。時間の問題だけではない。こののんびりとした進行では、これまでの関西ローカルの夕方の番組と、何も変わらない。奈良の頭の中には、テレビ朝日の『ニュースステーション』があった。奈良は、1年間、『ニュースステーション』の現場にいたことがある。あの番組の圧倒的な存在感、スピーディさ、洒脱さを、再現したいと思っていたのだ。

「どんどん延びてく。同じ話を繰り返したらあかん。テンポアップ」

そう言い残して、奈良はサブへと消えていく。

フロアディレクターの久保慶二が、堀江に「大丈夫だから」と目配せをする。

フロアディレクターとは、オンエアの間中スタジオにいて、イヤホンでサブからの指示を聞き、それを適宜、手ぶりやカンニングペーパーで出演者に伝える役割だ。スタジオ内で、「何秒前」と声を出し、出演者に時間を知らせるのも仕事だ。

久保と堀江は、堀江が前にメインキャスターをしていたニュース番組『ABC News Report』でも一緒に仕事をしていた。絶対の信頼感が、お互いにはある。

番組は、二宮が仕切るパ・リーグ問題をテーマにしたコーナー、世の中で起きている現象の

「原因」「理由」を解明する「ムーブ！の疑問」、そして「ムーブ！のブーム」へと進んでいく。

「ムーブ！のブーム」は、スタッフの間では「特集」と呼ばれるコーナーだ。ひとつのテーマを、他のコーナーよりも長いVTRにまとめて放送する。今日のテーマは、西梅田の再開発。ブランドショップが数多く入る、ヒルトンウエストプラザオープンを明日に控えてのもの。当然、須々木が監修をしている。

山本がリポートするそのVTRを見て、スタジオのコメンテーターは口々に「ゴージャスだけれど大阪らしさが欲しい」「エスニックな、浪速の味付けが欲しい」と言う。翌日の放送でも、別のコメンテーターから同じような指摘をされることになる。

東京のコメンテーターは、「東京にあるのと同じような施設が大阪にできた」ことを、魅力的な物語だと思わないし、積極的にコメントしたいとも思っていない。奈良や堀江は今後、放送を通してそう実感していくことになる。

CMの間はずっと、進行の確認だ。

「次はどう入るんでしたっけ」

「タイトルがあって、それからキュー出しします」

次は「夕刊パラパラ」。スタジオ下手で上田が先ほど配達されたばかりの夕刊から、先ほど選ばれたばかりの記事を読み上げる。コメンテーターがその場でそのニュースを咀嚼し、解説をする。天気予報をはさんで、CM。

残り時間を確認し、またスタジオに入ってきた奈良が「間に合ったらジョンナムまで行く。ミスターは明日」と予定変更を告げて姿を消す。

CMが明けて、「マガジンスタンド」。

当日発売の雑誌から、スタッフが面白いと思った記事を紹介するコーナーだ。3本を用意していたが、時間が押したので1本を落とすことは先ほど奈良が決めた。

1本目は、「イチローと父親の断絶」がテーマ。二宮と寺尾とで話が盛り上がる。それをサブで聞きながら、奈良はもう1本の「金正男のファッションチェックネタ」を、明日に回すことに決めた。

ラスト15分は芸能。スタジオの向かって右側、上手に山崎と加藤が並んで立つ。これから伝えるメニューをダイジェストで紹介し、CMの間に今度は下手に移る。

カメラがそれに合わせて位置を変える。

木村拓哉主演の映画の話、韓流スターの話と来て、関ジャニ∞のインタビューで、芸能コーナーが終わり、『ムーブ!』もエンディングに向かう。

最初の放送の感想を、堀江がコメンテーターに促す。「先端的な情報を満載していて楽しかった」との答えを得て、ばたばたと『ムーブ!』の1回目の放送が終わった。

ちょうどこのころ、スタッフルームには、明日の「マガジンスタンド」用の雑誌が届けられていた。

「マガジンスタンド」は、奈良がどうしてもやりたかったコーナーだ。絶対に当たると思っていた。

発売日の前日に雑誌を手に入れて、それをすべて読み、面白いと思った記事を何本か紹介する。それにコメンテーターに解説を加えてもらう。

発売日の前日に雑誌を手に入れて——というのは、東京にいれば、実は簡単だ。東京には一カ所、市場に流通する前のすべての雑誌が集まる、問屋のようなところがある。在京メディアはみなそこから、発売日前日の昼には、雑誌を手に入れている。だから「明日発売の雑誌で報じられることがわかった」という報道ができるのだ。

奈良は、「明日発売の雑誌で」とは言えなくても、「今日発売の雑誌で」を、やりたかった。しかし、発売日の朝に手に入ったのでは遅い。すべてを読んで扱うものを選び、大モニやフリップを作る作業が間に合わない。

そこで、力技に出た。

その問屋まで毎日、人を手配することにしたのだ。新幹線とバイクを使って、雑誌をスタッフルームに届けさせる。

人件費はかかる、しかし、奈良には自信があった。投資を上回る見返りが得られると。

使ったのはもちろん経費だけではない。

オンエアのあと、反省会をし、それから夕食を社員食堂か近所の食堂で手早く済ませて雑誌を読みふける。めぼしいものを見つけたらディレクターらと一緒になって原稿を書いて大モニやフリップの制作会社に発注する。

それが奈良や、若いスタッフの日課となる。

若手スタッフの奮闘

本田香織は番組制作会社の社員だ。長らく、番組制作ではなく、出演者のアテンドや予算の管理など、事務的な仕事をしてきた。いつかは制作をという気持ちはあったが、チャンスがなかった。

声をかけてきたのは、木戸だった。

木戸は事前に、奈良に本田を強力に推薦している。

『わいど』で木戸は本田と一緒だった。仕事が速くて正確で優秀だと思っていた。制作希望であることも知っていた。

「あいつはできます。能力があります」

「けど、制作経験ないんやろう」

奈良は、にわかには木戸の言うことを信じない。

「ないけど、本田なら絶対にできます」

そういったやりとりがあったことを知らぬまま、本田は奈良、木戸、須々木との面談に臨んでいた。

「これまでとは違った番組になります。とりあえず3カ月ということで」

奈良に言われて、「はい」と答えた。ただ、どんな風にこれまでと違うのかまでは、その時、わかっていなかった。

アシスタントディレクターとして『ムーブ!』で働き始めた本田は、それまでの事務経験を生かし、大モニ画面やフリップの発注フォーマットを作る一方、取材へ出てテープを編集しオンエアする仕事もそつなくこなすようになっていく。

「本田はようやるなあ」

つぶやく奈良を見て、木戸は思った。

「ほら、言わんこっちゃない」

本田は1979年生まれ。当時25歳。

塩見友理は、本田とは違う番組制作会社の社員だ。

大学を中退してからは、フリーターを経て映画の専門学校に通っていた。ファッションショーやPRビデオを手伝っているうちに、こういう仕事は楽しいだろうなと思った。志したのは照明マン。けれど、舞台照明の会社の試験は全部落ちた。派遣社員としてアパレルで働こうかと思っていた矢先に、たまたま高校時代の友人から、テレビ制作をやってみないかと声がかかった。いったんは「言っとくけど私、技術志望やで」と突き放した。それがいつの間にか、ディレクターとして『ムーブ!』にかかわることになる。

塩見は、新聞を読まない生活をしてきた。面接で奈良に週刊誌を読むかと聞かれた時も「読みません」と即答している。週刊誌は〝おっさんが読むもの〟と思っていたからだ。

それが、番組が始まる時に奈良から言いわたされた担当は「マガジンスタンド」。その後、Today'ｓ班に鞍替えとなる。「どう見ても急ごしらえで呼んだ私にニュースのコーナーを任せて、この番組は大丈夫なのか」と思った。

塩見は１９８０年生まれ。当時24歳。


石田直子は、本田とも塩見とも違う番組制作会社の社員。スポーツ大好きなスポーツディレクターだ。ただし、アンチ・人気球団。好きなのはパ・リーグ。人気者が苦手なのだ。

長く『コール』でスポーツコーナーを担当してきた。奈良に、「『ムーブ！』を週に１日だけ手伝ってくれ」と誘われた。

「月曜に二宮清純さんが出るから、その日だけ、頼む」

月曜だけ、スポーツだけのはずだった。

それが、10月４日のオンエア初日、「明日の郵政問題やってくれ」と奈良からToday'sを一本任された。他にもスタッフがついていたとはいえ、「いきなり『できるやろ』はないやろ」と思ったが、断れなかった。

とにかく人が足りず自転車操業で綱渡りしているのは、傍で見ていてもわかったからだ。ちょっとだけ手伝うつもりが、それがきっかけとなって、週に5日間スタッフルームに詰めることになる。

石田は1975年生まれ。当時29歳。

のちに、「Today's班の女性陣を全面的に信頼しています」と上田に言わせる彼女たちだが、このころは、全員がニュースの素人だった。

その彼女たちに奈良は毎朝、「面白い」以外に共通項のないネタを振る。今日は「牛丼」、明日は「オレオレ詐欺」、今度は「行政」。新聞記事を指差し、「これをやる」と言う。「こういう風に切る」と指示を出す。

知らない、わからない、苦手、できないと言っている暇はなかった。オンエアは16時には始まるのだから。

新聞を読み、雑誌を読み、ネットで調べ、電話をかけ、実際に取材に出かけることもある。あちこちで怒られた。取材先にも、コメンテーターにも。どれだけ下調べをしても、付け焼き刃だからボロが出る。「そんなことも知らないのか」「基礎知識がなさ過ぎて話にならない」

と指摘された。へこむ。しかし、知らないのは事実だ。平身低頭謝って、教えてもらうしか術はない。オンエア直前になって「こんな構成では話が伝わらない」と言われることも珍しくない。真っ青になって作り直す。

奈良にも怒られた。構成を提案しても、原稿を見せても、「おもろない」「何を言いたいかわからん」「やり直せ」と突き返される。

けれど、必死になって言われたとおりにやり直すと、確かに前よりいいものができる。未熟さを実感させられた。

また、どれだけ注意を重ねても、ミスは出る。

内容の間違いは絶対にないよう、奈良や藤田など、報道経験の長い社員が知恵を貸してくれていたが、問題はテロップやスーパーの文字。直前まで原稿を直すので、どうしても間違いが発生する。自体を事態、検討を健闘、補償を保障とやってしまい、放送を見て頭を抱えることが、何度も何度も起きた。

緊張感が必要だ。若いスタッフが思い始めたころ、やはりチェックをしきれない自分にふがいなさを覚えていた奈良が、ひとりに向かい、冗談で「こんなに間違って、お前、罰金や」と言った。

それをきっかけに、「ドラえもん募金」が始まった。
オンエアしたVTRやモニターに、誤字がひとつあったら罰金100円。使用目的は未定。朝日放送の兄貴分に当たるテレビ朝日が、天変地異などに際して視聴者に協力を呼びかける、あの募金から名前を借りた。

小銭はペットボトルに入れられる。そのペットボトルには、営業成績の如く、毎月3人の名前が書き加えられる。もちろんワースト3だ。ペットボトルは日に日に重くなっていく。

本来なら、スタジオでの進行が仕事の久保は、このころから台本をくまなく読むようになる。スタッフがミスを起こすと、最終的にはスタジオにいる出演者が詫び、カメラに頭を下げることになる。堀江ら司会者に、余計な謝罪をさせたくない。それで、誤字や、使っているデータの矛盾などを、台本で探すようになったのだ。

若いディレクターたちがコーナー作りに四苦八苦しながらも、たくましさを身に付ける一方で、奈良は疲れていた。そう簡単に上手くはいかないとわかっていたつもりではいたが、それを現実として突きつけられれば、身体にこたえる。

逆境から、ついに視聴率浮上！

放送開始から3日目、執行猶予中の辻元清美をゲストとして呼ぶと抗議が殺到した。木戸は『ムーブ！の疑問』を読者に投稿してもらうように変えろ。電話取材でなんとか作れ」と奈良に言われていた。3日目にして方向修正かと戸惑った。

7日、視聴率は3％台に落ちた。

11日、引退直後の阪神代打の神様・八木裕をスタジオに呼ぶが、思うようには数字が上がらない。

このころ、毎晩のように、堀江は夢を見ていた。視聴率が1％に満たないという夢を。

13日、再び視聴率は3％台に。

台風23号が上陸した20日は、視聴率は5％台ながら、シェアは10％を切った。『わいど！ABC』の平均より悪い。

奈良が直接口説いたコメンテーター陣からの評判がいいのだけが、救いだった。

スタジオ脇の副調整室でオンエアを見ている奈良が驚くような発言が、すでにポンポンと飛び出していた。東京の番組では共通語をしゃべっている関西出身のコメンテーターも、地元に帰ってリラックスしているように見える。彼らはハッとさせるようなことを言ったあと、したり顔で「いいでしょうこれくらい、大阪なんだから。東京は見ていないから」と付け加える。

自らが企てたこととはいえ、奈良は、ここまでか、と舌を巻いていた。しかもコメンテーターがひとりではなく複数いることで、お互いに「あいつより気の利いたこと、ハッとさせるようなことを言ってやろう」という雰囲気に、自然となるのだ。

このころ、全スタッフを「これで『ムーブ！』が少しメジャーになったかもしれない」と思わせる事件が起きる。10月25日のことだ。

コメンテーターの勝谷誠彦が『ムーブ！』出演中、彼のマネージャーが、朝日放送の社屋内でタレントに殴られた。それが大きなニュースになったのだ。

スポーツ新聞やネットなどあちこちで『ムーブ！』と書かれ、番組の存在が認知された。事件の翌日、視聴率は7％を超えた。

無論、初めてのことである。

ある意味事件現場となった『ムーブ！』はそれを何度か報じている。芸能コーナーで謝罪会見を取り上げた10月29日、シェアが初めて20%を超えた。この話に30分以上を割いた11月5日の視聴率は9・4%。初めて『ぷいぷい』を抜いた。

理由が理由だけに諸手を挙げては喜べないが、奈良は少しだけほっとした。

これ以降11月12月と、月間平均視聴率は6%台になる。シェアも10%台後半だ。『ぷいぷい』の8%台、20%台半ばにはまだ及ばないが、少なくとも『わいど』とは違う存在感を示せてきた。

本田は、奈良に言われていた3カ月が近づいていることが気になっていた。私はまだ、『ムーブ!』で働けるのか。そもそも、番組は続くのか。

会社に相談すると、「特に言われてないから、まだ続くんやないの」と言われた。

アクシデントもある中、誰ひとり息つく暇なくがむしゃらに働き、一方で数字に一喜一憂し、2004年は暮れた。

2005年は1月、2月、3月と、視聴率は6~7%台、シェアも10数%前後で一進一退を繰り返した。

その中で繰り返し報じたのが、大阪市の問題だ。

仕切ったのは藤田。

藤田には考えがあった。藤田には、東京で『サンプロ』に3年、『ニュースステーション』

に1年かかわった経験がある。

そのころから、東京でこれだけ支持されているのだから、大阪でも、政治や行政をテーマにする番組は受け入れられるだろうと考え始めていた。

ところが関西には、「政治は東京のこと」という意識が根強くあった。したがって、この分野に、毎日放送の『VOICE』などごく一部を除いた在阪メディアはほとんど手をつけていない。藤田は、「関西の行政問題なら『ムーブ!』」というイメージを作ろうとしていたのだ。

4月。山本モナが6月の退社を前に降板する。

それまで半年間は、上田にとっては、やっと実現した、短い半年間だった。

山本と上田は同期。入社以来何度となく、山本と「いつか一緒に番組をやりたい」と話をしていた。それが実現したのが『ムーブ!』だった。

山本がいなくなるのは残念だったが、上田は、新しい経験にわくわくし始めてもいた。

すでに、『ムーブ!』は、シェアで20%を超える日も珍しくはない状況になっていた。視聴率でも「ぷいぷい」に肉薄するようになり、日によっては勝つこともあった。

小泉劇場がゆっくりと緞帳を上げていた。郵政民営化の問題があちこちで話題になるのはこのころからだ。相変わらずプロ野球の再編問題はくすぶっている。

上田は、『わいど』に出ていたころも、社内で廊下ですれ違う人に「見てるよ」と声をかけられることはあった。しかし、真に受けていなかった。自分の出ている番組は視聴率が下がる一方であることを、知っていたからだ。

最近は「あのコーナー面白いね」と具体的に指摘される。それが「見られている番組に出ている」ことなのだと実感した。

動き始めたのは、国内政治だけではない。4月、中国・北京では大規模な反日デモが起きた。5月、北朝鮮が地対艦ミサイルを発射。6月、対馬沖で海上保安庁の巡視船が韓国漁船を拿捕。極東アジアでも事件が頻発した。

こういった「動き」にどんな「意味」があるのか、誰もが知りたくなる時期に、『ムーブ!』のスタジオには、それを解説するのにうってつけのコメンテーター陣がそろっていたことになる。じわじわと数字が伸びるのは、当然のことだったのかもしれない。

ちょうどこのころ、ひとつ、ムーブメントを起こした。

5月10日に放送されたNHK『プロジェクトX』は、「ファイト!町工場に捧げる日本一の歌」と題されていた。主人公は大阪府立淀川工業高等学校の合唱部。荒れていた同校に赴任にした教師が、たまたまギターを弾きながら歌っている生徒たちと意気投合し、校長以下周囲の反対を押し切ってクラブを創設、荒れた学校を更生させたという物語だ。努力の結果コンクールに出場を果たすも、荒れた同校の出場に危機感を覚えた主催者が、警察を巻き込み、会場にパトカーまで呼んで警戒に当たったというエピソードが紹介された。

堀江は自宅で、たまたまその放送を見ていた。

「おかしい」と直感した。

堀江は長くニュースを読んできたアナウンサーだが、自らに取材をすることも課していた。阪神・淡路大震災でも、現場でマイクを握った。

淀工も、取材をしたことがあった。知り合いの音楽評論家に「大阪にすごい吹奏楽部がある」と聞いたのがきっかけだった。2001年4月から1年間、密着取材をした。途中、911があり池田小事件があり、しばらくぶりに戻って演奏を聴くと、音楽の底力を感じた。ラジオ、夕方のニュースに加え、深夜の『フリーチャンネル』でも2時間、放送した。合唱部と吹奏楽部とは別だが、しかし、そこで見聞きした話とあまりに違う。

取材で知り合った関係者に事情を聞くと、放送された内容と事実とには、だいぶ開きがある。勘が当たっていることは、間違いなかった。

翌日、出社して奈良に話をした。世間話の延長のつもりだった。ところが奈良は「ネタになる」と判断した。「番組でやろう」と。

堀江は迷った。NHKは報道機関であり、言うなれば仲間である。『ムーブ！』が追及する対象は、政府や行政であると考えていたからだ。放送局を相手に、それをやるのがいいのかどうか。奇しくも「NHKの番組改編に政治家の圧力があった」と朝日新聞が報じ、NHK対朝日という対立軸が強調されていた時期だった。

しかし、ドキュメンタリーがウソだらけでは、放送に対する信頼を失ってしまう。

木戸は、淀工関係者を名乗る視聴者からのメールでその放送のことを知った。木戸もまた、ラジオ時代に淀工の吹奏楽部を取材したことがある。

堀江とふたりで、関係者の証言を集めた。

一つひとつ、番組の犯した間違いが明らかになってきた。

校長は、合唱部に反対していなかった。

会場にパトカーはいなかった。

証言を集める一方で、木戸はNHKにも取材をかけた。「こういう声がありますが、これは本当ですか?」と。

コンクールの現場にいた合唱連盟の役員のひとりは、たまたま朝日放送のOBだった。取材を進めながらも迷いを捨てきれなかった堀江に、彼は「放送に携わる自分たち自身のためにも真剣にやるべきだ」と発破をかけた。

木戸がNHKからのはっきりとした答えを得る前に、別の取材協力者から連絡が入った。

「NHKが連絡してきましたわ、『迷惑かけて申し訳ない』と」

これで、木戸は間違いがない、と思った。

この捏造疑惑は、23日、オープニング直後、「Today's ムーブ!」の1本目としてオンエアした。

淀工は荒れていなかった。淀工が出るからと、コンクールの会場を警備することはなかった。合唱部を作りたかったのは校長だ。『プロジェクトX』の内容と、まったく逆の証言を積み重ねた。

とたんに、『ムーブ!』のスタッフルームのファクスが止まらなくなった。

視聴者からだ。NHKに対して「工業高校＝悪というステレオタイプなものの見方はやめてほしいと思っていた」とするものを除いては、ほとんどが『ムーブ!』への批判だった。

「あんなにいい番組の悪口を言うのか」「『ムーブ!』は挙げ足取りをする番組か」「どうせ同じようなことをやっているだろうに、他局の批判ができるのか」

堀江もあちこちで言われた。「天に唾すると、返ってくるぞ」と。

ファクスの中に、当時の淀工の校長の娘さんが送ってきたものがあった。そこには「故人である父は教師を孤立させたことはない。それどころか頼んで頼んで来てもらったのだ。合唱部が活躍するのを、どれだけ喜んで見ていたか」といったことが綴られていた。

ファクスにある姓を電話帳で調べ、木戸と堀江で手分けして順々に電話をかけていく。

「淀工で校長をされていた方のお宅ですか?」と。

堀江がかけた何軒目かで、「あなたは?」と女性の声で反応があった。

「堀江と申します」と答えると、「あ、あのアナウンサーの」。

ようやく引き当てた。

元校長の奥さんに話を聞いているうちに「朝日放送で話がしたい」という言葉が飛び出してきた。

早速翌日スタジオに来てもらった。応接室でインタビュー。オンエアまでにVTRを編集した。スタジオでオンエアの様子を見たいという彼女のため、木戸は椅子を用意した。

身じろぎせず、堀江が、コメンテーターが語る様子を見ていた彼女は、オンエアが終わると「これで主人のやったことが報われました。ありがとうございました」と言って深々と頭を下げ、帰っていった。

堀江は、スタッフルームで淀工の現校長からのお礼の電話を受けて、やってよかったとようやく思えた。そして同時に、驚いてもいた。NHKが簡単に白旗を揚げたことに、だ。

翌25日、NHKは学校側に正式に謝罪。定例記者会見でも謝罪を表明した。

淀工側は「誠意ある回答に納得している」として、この話は収束した。

けれど、スタッフが突き付けられた課題は、深く残った。

「自分たちの問題だと思って取り組んだ」のは木戸だ。「メディアがこんなことをやっていたら、二度と取材に協力してもらえなくなる。それは自分たちの首を絞めることになる」

堀江は、入社以来言われてきた「放送は消しゴムがきかない」ということを、改めて実感していた。放送には、影響力がある。簡単に誰かの心を傷つける。

意図的であれミスであれ、罪作りなことはできない。それを自覚して毎日の放送に臨むことが、『ムーブ!』への批判への、解答になる。

NHKはこの年の終わりに、『プロジェクトX』の放送を終了する。

後日、木戸は学生時代の同級生の結婚式に招待された。同級生はNHK職員。披露宴の会場で「『プロジェクトX』をつぶした男」と紹介された。

苦難を支えたチームワーク

8月8日。高校野球開幕。朝日放送は甲子園から高校野球の中継をするため、『ムーブ！』は大会期間中、放送休止となる。この日、衆議院が解散し、小泉劇場は本編に突入する。郵政民営化法案に反対をした議員への刺客候補が話題となり、ホリエモンこと堀江貴文まで立候補をした。

9月、衆院選での自民党の圧勝後、阪神タイガースがリーグ優勝。10月には郵政民営化法案が成立、第3次小泉政権が発足する。11月には大阪市の市長選候補者全員をスタジオに呼んで討論。新聞は「大阪市選挙管理委員会が公職選挙法に違反する可能性がある」としていると報じた。

本田、塩見、そして石田は毎日顔を合わせているうちに、政治やスポーツ、海外情勢の話ばかりするようになっていることに気がついた。

「うちら、女のコっぽい話、全然せえへんな」

面白くなっていたのだ。そのころになると、イラクと中国は本田、北朝鮮は塩見、事件やスポーツは石田。何となくの専門分野ができていた。

原稿を書きながら、VTRを編集しながら、ときおり思った。

「こんな若い子がニュース作ってるって、見てる側は思っとらんやろうな」

毎日同じスタッフが顔を合わせるのも『ムーブ!』の特徴だ。平日の5日間、放送業界の言い方に倣うと五曜日、ずっと同じスタッフで番組を作る。珍しいことだ。たいていは曜日ごとにスタッフや、制作会社が違うものなのだ。

『ムーブ!』ではそうしなかった。同じ人に五曜日来てもらったほうが、人件費がかからなくて済むからである。机を並べて作業をしていると、誰がどこの制作会社の人間であるかを忘れがちになる。全員が『ムーブ!』のスタッフというシンプルな関係になる。複数のテレビ局で働いた経験のあるスタッフは「朝日放送はとてもアットホームな会社」と評する。その中にあっても、『ムーブ!』はこれでますます結束が強くなった。

木戸にはそのころ、自分の席がなかった。取材に出ることも、テープを編集することも多く、自席にいる時間が短くなるのはわかっていたから、明け渡したのだ。遊んでいる机を作るくらいなら、内勤をしているスタッフやリサーチ担当に、そのスペースを渡したほうがいい。個人に与えられていたパソコンも、スタッフ共有にした。

資料はロッカーに放り込んだ。郵便物や給与明細など、木戸宛の書類は書類入れが定位置。外部スタッフと一緒に大きなテーブルで作業をした。メールはスタッフがパソコンを使っていない隙を見てチェックした。

このチームワークで、『ムーブ!』は困難を何度も乗り切っている。


朝9時過ぎ。

Today's班に加わったばかりの板家宏知は、奈良から、その日オンエアするための宗教法人に関するネタを任された。

事実関係を調べ、構成を考える。『ムーブ!』では新人の板家も、東京の情報番組などで働いていた経験がある。

1時間ほどで流れをまとめて、奈良に提案する。

「ええよ。これで進めて」

次は、大モニに映すための原稿を書く。14時には作画チームに発注しないと、オンエアに間に合わない。昼食を食べずに原稿を書いて、13時前に奈良に見せると、顔色が変わった。あれ、と思う間もなかった。

「話にならん。わけわからん。最初から調べ直せ！」

奈良の声がスタッフルームに響き渡った。

どこがどうダメなのか、大きな声でダメ出しが続く。

あまりの迫力に、「さっきはＯＫって言ったじゃないですか」とは言えない。奈良の声を聞きながら、板家は血の気が引くのを感じていた。

４時間かけて作ったものを、１時間で作り直さないとならない。

こうなると、血の気を引かせている場合ではない。

他のスタッフが心配そうに見ていることにも気づかず、空腹も忘れ、板家は必死になって作業を進めた。

14時。

ようやく形になった。再び、恐る恐る奈良に見せる。すると、奈良は今度は顔色ひとつ変えず、こう言った。

「あかん。おもろない。もうお前には無理や。間に合わん。俺が書く」

呆然とする板家を尻目に、奈良はそばにいた本田と塩見に声をかける。

「おい、手伝ってくれ」

本田も塩見も、同じことを何度もやられてきた。「え、今から作り直すんですか」ということが幾度となくあった。でも、毎回間に合うのが不思議だった。

別の意味で奈良も不思議に思っていた。「どれだけ時間をかけて作ったものでも、時間との戦いの中で作り直したもののほうが、いいものになる」ことを。

その時間との戦いが、また始まった。

板家がそろえた資料をもとに、奈良が構成を決める。本田がモニター用の原稿を書く。塩見がVTRを編集する。

板家の頭の中では、『8時だョ!全員集合』の場面転換時の音楽が鳴り続けていた。その姿を見て、奈良が言う。

「今頭真っ白やろ。こういうこともあんねん。だまって見とき」

無事オンエアが終わり、周りからは「よくあることだから気にするな」「もっとギリギリでちゃぶ台返しを食らったこともある」と言われ、板家はとんでもない番組に来てしまったと思った。

あとになって、奈良から「あれはあえてやった」と聞かされた。

開いた口がふさがらなかった。

しかし、奈良は決して横暴なだけの男ではない。スタッフはみな見ていた。誰よりも早く、朝7時半には出社して新聞をチェックしてその日扱うネタを決め、そして夜は翌日のネタの準備のため、23時24時まで帰らない奈良の姿を。「こんなプロデューサーいない」、みんな思っていた。

毎日、18時にオンエアが終わると扱うニュースはからっぽ。明日の分はゼロから作り直す。何をやるかも8割方決まっていない。朝刊からニュースを拾うのだから、どうしても朝早くからの勝負になる。

最初は「できる」と奈良は思っていた。新聞や雑誌からニュースを拾い、コメンテーターに記事の解説をしてもらえばいいのだから、と。

しかし、やっているうちに欲が出てくる。もっと新しいもの、深いものを提供し、もっと面白いこと、鋭いことをコメンテーターに言ってほしい。

東京の番組に出演経験があり、新聞や雑誌出身が多いコメンテーターからのプレッシャーもあった。東京の大きな番組とは、まず予算が違う。新聞や雑誌とも、スタッフの数や準備期間からして違うのに、同じようなレベルのことを求められる。「もっとこういうことも調べられるはずだ」「こういった資料があればなおいい」

殺し文句は『ムーブ！』なら、できるだろう」

勢い、奈良もそれを若いスタッフに求める。応えてくるから頼もしい。

それでも、オンエア直前にコメンテーターから構成の不備を指摘されたディレクターがいれば、胸を痛めながら一緒になって作り替える。

そうすることで番組の質が上がっていくのは、強く実感できていた。すると、さらに欲が出る。もう止まれない、と奈良は思った。


奈良は『ムーブ！』が始まってからの1年間、ほぼ、酒を飲んでいない。

夜中家に帰りついて、飲もうという気になれないのだ。「酒を飲むにもエネルギーがいるんやな」と気づいた。途中からは電車通勤も諦めた。会社近くに駐車場を借り、車で来て車で帰る。帰ったら風呂に入って寝るだけ。平日はそれが毎日続く。休みは土曜だけ。日曜も必ず出社し、翌日の「マガジンスタンド」の準備をしていた。

2005年、『ムーブ！』は大阪市問題を19時間48分16秒、放送している。11月には、大阪市長選の公示中に全4候補者をスタジオに呼んだ。職員に対する厚遇や、仕事の仕方に疑惑を呈すれば、視聴者から「こんな話を聞いた」「こんなものを目撃した」と即座に反応があり、そこからまた次の疑惑が生まれる。『ムーブ!』が報じて2、3日後に、新聞が後追いをすることも増えてきた。藤田は、いい循環ができていると感じていた。

12月。東京で一件の交通事故が起きた。

青年海外協力隊で日本を離れている間に運転免許証が失効していた男の運転する車が、ミニバイクをはねたのだ。

男の名前は光武計幸。フリーのテレビディレクターで、当時は『サンプロ』で働いていた。バイクを運転していた男性の怪我は全治1カ月。事故は「サンプロのディレクターが無免許運転」と大きく報じられた。司会の田原総一朗は、番組で頭を下げた。

当然、テレビ朝日に出入りしての仕事は続けられない。自業自得とはいえ、途方に暮れた。どうしようかと悩んでいると、面識のある人物が「大阪でやってみないか」と声をかけてくれた。それが『ムーブ!』だった。声をかけてくれた人物は、『ムーブ!』でコメンテーターを務めていたのだ。光武は、『ムーブ!』の存在は知っていたが、「大阪で何かやってるらしい」という程度の認識だった。関西ローカルの番組に対する東京の眼は、ほとんどがそうだ。

やらせてもらえるならぜひ、と光武は思った。しかし、前科一犯の自分を本当に受け入れてくれるのか。

そのコメンテーターは、光武の実力を買っていた。どんな現場へも飛び込んでいき、納得のいく取材ができるまで帰ってこないディレクターを埋もれさせるのはもったいないと思っていた。

「来る気があるなら、俺が大阪での身元引受人になってやる」と、奈良に話を通してくれた。

光武は、面接をするために東京へやってきた奈良に、こう言われた。

「こんなことでもないと、東京でバリバリやっていたディレクターに大阪へ来てはもらえない。ぜひ来てください」

奈良はすでに、光武の作ったVTRを見ていた。奈良が会社に対してどう話をつけてくれたのか、光武は知らない。

ただ、自分を拾ってくれた番組と、朝日放送という会社に、絶対に恩返しをしようと心に決めた。

番組の成長が手応えに

2005年、朝日放送は午前6時から夜24時までの全日と呼ばれる時間帯の関西地区年間視聴率で、1位を獲得した。

長年、関西テレビかよみうりテレビが占めていたその地位に、06年、07年、08年と、『ムーブ!』が放送され続けている間、朝日放送はとどまり続けることになる。

こうなってくると、他局も黙ってはいない。

2006年4月、『ぷいぷい』は放送時間を拡大、関西テレビはやはり関西ローカルで社会情報系の新番組『アンカー』をスタートさせた。のちに「関西夕方ニュース戦争」と呼ばれる現象だ。

『ムーブ!』ではこのタイミングで、関根が司会に加わった。


木戸が長く担当していたコーナーに、「ムーブ!の疑問」がある。

当初は、ニュースの中から浮かび上がる疑問に焦点を当てていた。宅配便業界の競争激化の真相は、あるいは、なぜあの大臣は辞任したのか、など。その日のニュースにまつわる疑問を、その日のうちに解決する、そんなコーナーだった。

それを、放送開始2週目から、視聴者からメール、ファクスなどで寄せられた疑問に、スタッフが調べて答えるスタイルに変更した。確かに木戸は、視聴者と双方向性のある企画はやりたいと思っていたが、すでにいっぱいいっぱいのところへ、方針転換を指示されて驚いた。さらに、「1日あたり、5分のネタを3本やってくれ」と奈良は言う。目を剥いた。

「無理ですよ。スタッフもいないのに」

「そんなら、1本の日もあってええ。けど、15分よろしく」

そう言われて始まった。

疑問は、世の中の仕組みでもいいし、極めて個人的な体験に基づくものでもいい。

「4月1日生まれはなぜ早生まれなのか?」「『日本』の読みは『にほん』なのか『にっぽん』なのか」「NTTの『加入権』ってどういうことですか」「世界遺産って誰がどう決めるんですか」

マイナーチェンジ後、少しずつ、疑問は寄せられつつあった。

朝、木戸が視聴者からのメールやファクスをチェックし、「これはやれそうだ」、つまり、疑問として面白く、ビジュアルも作れるだろうと判断したら、スタッフに振るところから、疑問班の仕事はスタートする。

それをディレクターや、物調べの専門家であるリサーチャーがネットや電話を使って調査。取材先としてふさわしい相手や場所を捜し出したら、担当ディレクターがアポイントメントを取り、実際に取材に出かける。

書けば簡単なことに感じるかも知れない。しかし、これを毎日、ありとあらゆる分野について行う。同時並行的に物事を進めなくてはならないのだから、頭がこんがらがって当然だ。木戸が「1日3本は無理」と言うのも、それなりに理由があるのだ。

中萩基世が『ムーブ！』にかかわったのは、技術スタッフとしてだった。出演者名などの字幕スーパーを出す、オペレーターをしていた。

制作の現場は、大変そうではあるけれど、面白そうだと思って見ていた。

1カ月ほど経ったある日、当時ADだった本田にもちかけた。

「ADをやってみたいんやけど」

聞きつけた奈良は、「こんな忙しい番組のADをやりたいなんて、変な奴やなあ」と言い、中萩は数カ月間、ADとしての仕事を立派に果たした。その後、中萩は疑問班のディレクターに昇格を果たす。2005年5月のことだった。

当初は、木戸と衝突した。

「こんなんやりたくない」と言ったこともある。木戸の提示する疑問の、それのどこが疑問なのか、それが解明したところで何が嬉しいのか、理解できないこともあったからだ。

「やりたくないならええよ」

という木戸ではない。泣きながらの怒鳴り合いのケンカに発展したこともある。いったん収録したインタビューの撮り直しを、オンエアの前日に命じられたこともある。

「何、無茶を言うねん」

と思ったが、そのころには中萩にも、木戸がそう言う理由がわかり始めていた。

VTRの内容が、難しすぎたのだ。

コメントをしてくれたのは弁護士。弁護士特有の言葉遣いで、一般視聴者にさっとわかるものでは、確かにない。木戸が指摘したのはその点だった。

電話を入れる。インタビューの再録を願い出る。幸いにも、話のわかる弁護士だった。撮り直しに応じてくれ、同じ内容を、易しい言葉でしゃべってくれた。

「撮り直して、よかった」

そう思って中萩がスタッフルームに引き上げると、ニヤッと笑う奈良が出迎えた。

「撮り直しに行かされたんやってなあ、お前も大変やなあ」

その後、疑問班に加わったのが、澄田憲親だ。先に『ムーブ！』で働いていた同じ会社のスタッフに、「マガジンスタンド」をやれる人を探している、と聞いた澄田は、番組を見たことはなかったが、それなら、と思って奈良との面接に臨んだ。

雑誌を渡される。そこには飲酒運転の問題を取り上げた記事があった。

「澄田君なら、この記事でどうコーナーを構成するか、考えてみて」

奈良に言われて考えて、プレゼンしたところ、落とされた。

奈良の、番組の求めているものが、わかっていなかったのだ。

「落ちた」

さすがにがっくりとする澄田に、奈良はフォローを忘れない。

「今番組で求めているのは、情報を読み取って、何が面白いかをすばやく抽出できる人材なんです。たまたま『マガジンスタンド』と合わなかったからといって、ディレクターとして優れていないということではないから」

配慮がかえって身に沁みた。

何とはなしに話しているうち、スーツは何着持っているか、行政問題に興味はあるかなどと聞かれた。なんでこんなこと聞くんだろうと思いながら答えていると、Today's班に採用となった。その後8カ月を経て、疑問班へ移籍する。

8カ月間いたToday's班と、疑問班はまったく違った。Today's班に求められていたのは、何よりスピードだった。

新聞記事を読み、そのニュースの中で一番キモとなる要素を掴む。そして他の誌面・番組にはない視点でどう面白く見せるか。そこまでを、朝から始めて16時前後のオンエアに間に合わせる。

担当するネタはそれぞれ分担するが、何時からどの編集スタッフにどの部屋で編集をしてもらうか、お互いに融通を利かせる必要がある。「それやったらあの人が詳しいで」「この間そのネタやったわ。資料あるよ」という会話も日常茶飯。

しかし疑問班では、毎日スタッフルームに来るけれども、基本的には自分の疑問についてじっくりと〝妄想〟するのが仕事だった。

妄想が必要なのは、コーナーに求められているのが、疑問の答えだけではないからだ。その答えにたどり着くまでの思考そのものを、見せたい。

それに、回答にたどり着くまでの過程で、新たな疑問が生まれることもある。

「まあ、まずないと思うけど聞いてみよか」「あり得へんと思うけど、もしかすることもある」

そうスタッフは考えていた。

これまで隠されていた思考の過程があらわになると、木戸もスタッフが編集したVTRを、オンエア前に確認するのが楽しくなってくる。もとより「おもろい事をどんどんやっていこう！」が口癖の木戸だ。その彼がモニターに見入って「おもろい、おもろい」と言うたび、中萩は心でガッツポーズをとっていた。

木戸が、視聴者が求めているのは単なる答えだけではないと感じたのは「オーストラリアの宝くじ」を取り上げた時だ。「あなたに権利が当たりました。書類に記入して返送してください」というダイレクトメールの返送先は、いったいどこなのか、というものだ。

普通なら、「この宝くじは本当でしょうか」に対して「偽物です」で終わりだ。疑問としては面白くても、回答は想像の範囲内。

そこで、その手紙に書かれている番号に電話をかけたり、住所を探ったりするプロセスの一部始終を映像で流した。視聴率が取れた。

「架空請求」も同じように扱った。

住所にあるのは、ポストばかりがずらりと並ぶ私書箱会社で、尻尾はつかめないと頭ではわかっていても、その住所を訪ねてみる。書かれた番号に電話をしてみる。時には東京までディレクターが出張する。

ロードムービー風のVTRが流れる間、視聴率は上がり続けた。

これがみんなの気になっていたことなんだ、知りたかったことなんだと木戸は思った。

これを機に、視聴者から寄せられる疑問に変化が出てきたと木戸は実感する。

「なぜ水道の蛇口のレバーは『上げ』『下げ』の2種類ある?」「自動販売機での『つめたい』と『あたたかい』の両立はどうやっているのか」といった柔らかめの疑問に加え、「うちの近所のこれって『本当は』どうなってるんですか」「これっておかしくないですか」といった、答えよりも仕組みを知りたいというような、社会派の疑問が、増えてきたのだ。

すると勢い、危険な取材も増える。

澄田は「取材に応じると言われたら、ロケには僕も行きますから」という木戸の言葉を信じて、澄田はその〝危険な〟場所に電話を入れる。

取材交渉の末、先方は対面取材に応じた。

「兄ちゃん、電話でやいやい言うとらんと、ウチおいでぇな。ウチ来て話そうや」と。

さすがにビビった澄田は木戸に報告する。乗り気の木戸が言う。

「行きましょう、行きましょう」

しかし、その直後に

「行ってください」

と言い直した時は、澄田は肩から力が抜けた。忙しいのはわかる、でも――、と。

「何か地雷を踏んだ時、木戸さんは社員やからええけど、僕を切って終わりってことないやろな」

ちらりと、そんなことも頭をかすめた。

しかしその澄田の努力もあって、明るみに出た事実はいくつもある。

たとえば、京都市環境局の待機バス問題。視聴者の自宅近所の路上に、ほぼ毎日「京都市環境局」と書かれたマイクロバスが止まっているという情報からスタートした。

マイクロバスはエンジンはかけたまま、カーテンを閉めてある。ちらりと見れば、勤務時間内にもかかわらず、職員が漫画を読んだり、寝たりしているという。

澄田らが、張り込みをし、空振りをしながらも調査をしたところ、場所や曜日によって違うものの、エンジンはかけっぱなしで1～3時間程度停車する同様のマイクロバスを発見した。車内には、運転手らしき男性がひとりいるだけ。弁当を食べたり、タバコを吸ったり、伸びをしたりするだけ。一定の時間になると、クリーンセンターや事務所へ帰って行く。

あのバスは何のためにあるのか、京都市環境局へ取材をすると、こんな答えが返ってきた。

「収集員の仕事は非常にハードなため、車がいっぱいになったあと、運転手ひとりが焼却場に運び、ふたりの収集員はこのバスの中で待機して、体力を回復させる」。そして、「また、交通事故が起こった場合、3人乗っていると収集作業への影響が大きいため、それを回避する意味もある」とも。そこで、「実際に数週間、バスを誰がどんな風に使っているか調査したが、まったく誰も利用していない。これはムダではないのか?」と担当者に問うと、長い沈黙のあと、「……そう?」と別の担当者に振っている。すると今度は、「今まで定期的な調査を行ったことはない。待機バスのドライバーにも利用状況を聞いたことはない」。

どの程度利用されているか調べてもいないのに、「必要なシステム」と考えているという。

その言い分をそのまま放送したところ、数日もたたずに、マイクロバスは路上から姿を消した。

たとえそれがスクープであっても、「ムーブ!の疑問」のひとつとして放送してしまうと、スクープ扱いされなくなることも、このころ学んだ。

ついに、全国的なムーブメントへ!

時期は多少前後するが、この話も、「ムーブ!の疑問」宛のファクスで幕を開けている。

国民年金の納付率低下が問題になり始めたのは、2002年ごろのことである。保険料納付の免除基準が厳しくなったのが原因だ。今まで払わずに済んだのだから、それで済ませたいという人たちが増え、結果として納付率が下がったのだ。

国は納付を促し、国民年金法を改正するが、前後して政治家やタレントの未納が明らかになる。この未納がなぜ明らかになったかというと、社保庁の職員が興味本位で著名人の納付状況を閲覧していたからだ。処分者が出た。

その一方で、本来なら将来給付する年金に充てるべき原資が、社会保険事務所のマッサージチェア購入など、安易に他の目的に使われていたことも判明した。その額、56年間で6兆7878億円。

連日「年金」がニュースになり、以前よりもずっと身近な話題になっていた2006年4月19日。「ムーブ！の疑問」宛に、1枚のファクスが届いた。担当の木戸はそれを見て、「これは『疑問』でやるネタではないな」と、隣の席の藤田に手渡した。

「こんなん来てますよ」

「私は本年2月末で退職した元社会保険庁職員です」で始まり、「関西からもっと年金問題について発信してほしいと思います」「問題がまだまだあります」とある。

最後まで読んで、差出人に電話を入れた。

21日、彼に会うため、藤田は某線某駅前にいた。

藤田は、どこへでも取材に行く。カメラマンが手配できなければ、自分でハンディカムを持って。

人脈が広い。「ムーブ！で一番怖い男」とも言われる。そうは言っても、初めての相手に会う時は多少の恐怖を感じる。

その日も、どんな人が来るのかなとは思っていた。

車でやってきた情報提供者に同乗して、あるホテルへ行く。話はロビーで始まった。

社保庁に、どれだけの不祥事があるかという話だった。資料もある。彼の社保庁時代の名刺もあるから話に間違いはないだろう。ただし、決定的な証拠がない。

どうしたものかなと思った。

会社に戻って奈良に相談すると、「疑惑あり」ならできるだろうという話になった。もともとが『ムーブ！』はそういう番組だ。結論には至らなくても、「こういう可能性がある」と放送すると、視聴者からそれを裏付けるメールやファクスが送られてくる。

5月4日に報じたのは、「アルバイトを雇って給与を支払ったことにし、そうやって作った裏金を接待に充てている」といったたぐいの話だった。

その2日前、また別の人から「ムーブ！の疑問」宛にメールが来ていた。大学3年生の息子に対し、年金を納めるよう社会保険事務所から連絡が来た。しかし昨今の不祥事続きで信頼をなくしていたため、納付を拒否。すると、「納付猶予の申請を出せ」という。放っておいたら、「納付猶予申請を受理します」といった内容のハガキが届いた。そういったことが書かれていた。

藤田はそれを、4日のオンエアのあとに見て「そう言えば」と思った。

前月、元社保庁職員と会った際には、「不正免除」の話も出ていたのだ。それに、3月の半ばに朝日新聞が、京都での不正免除申請を報じていたことも思い出した。社保庁はそれを受けて全国を調査し「他にはない。京都だけの問題だ」と回答していたことも。

こちらにもさっそく連絡を取り、通知のハガキを借りる。ただし、さすがの藤田もまだ、そのハガキがその後持つ意味は、まだよくわかっていなかった。

12日、朝日放送2階の会議室で、元社会保険庁職員の男性に、そのハガキを見てもらった。光武も同席していた。このころふたりは「藤田班」と称し、特にジャンルを決めずにこれはと思うネタがあれば食いついていく、そういう役割を担っていた。

光武は、『ムーブ！』に来た当初、相当戸惑っていた。何もかもが、東京と異なるからだ。まず、毎日2時間、週5日の番組なのに、スタッフの数が圧倒的に少ない。それから紙芝居。大モニに原稿を映し出し、延々とアナウンサーが読むというスタイルに驚いた。扱うニュースも、多くを新聞や雑誌に頼っていて、自分たちではあまり取材していない。さらに、コメンテーターの発言。東京では考えられないようなことをずけずけと言っている。光武のかかわってきた番組は、常に政党にチェックされていて、誰かが何か過激なことを言うと、すぐに取材拒否にあった。それに慣れた光武の眼には、「こんなの電波に乗せていいのか？」と映るシーンもたびたびだった。

何よりも驚いたのは、予算の少なさ。「えっ、そんな金額でこれほどのことをやってるの」と、顎が外れるような衝撃を受けた。

思えば光武は、予算が潤沢な番組ばかりで働いてきた。

『ムーブ！』へ来て、お金がないなりの、勢いのある作り方を目の当たりにした。面白くなってきていた。

会議室で光武は切り出した。

「免除申請を出していないのに受理されたというのは、事務手続きの間違いですか」

元社会保険庁職員の彼は首を横に振った。

「これは、分母を減らそういうことです」

そのころ問題になっていたのは、「納付率」の悪化である。分子にあたる「納付者数」を増やせないなら、分母にあたる「納付すべき人の数」を減らせば、算数で率は大きくなる。それを狙ったものだという。

「免除を申請する書類を偽造した可能性もある」と彼は言う。

本当かなあ、と光武も、それから藤田も思った。社会保険事務所は、はたしてそこまでやるのだろうかと。

その日のうちに光武は、大学生の母親とともに情報公開請求をした。

偽造された書類は、本当に存在するのか。存在するのなら見てみたい。そう思ったからだ。

情報公開請求は、受理されないこともある。賭けだった。

そして15日、光武は天王寺の社会保険事務所に質問状を送る。「不正免除の申請は、あったのかなかったのか」と。

2日後の17日。雨の中、光武は大学生の母親に付き添って、大阪市天王寺の社会保険事務所に出向いた。

返事をしてこない保険事務所側の言い分を、直接聞くためだ。

カメラの同席は許されなかった。

「構うもんか」と光武は思った。

通常の、つまり光武がかかわってきたような番組では、カメラが入らず絵が撮れないと、放送が難しくなる。

しかし『ムーブ！』はVTRにこだわらない。会話さえ記憶しておけば、大モニにそれを文字で映し、読み上げてもらえばいいのだから。

「なぜ申請していない免除が許可されたのか、教えてほしい」

そう尋ねる母親に、若い職員は「こんな書類がポストに入っていませんでしたか」と一枚の紙を見せた。

「あなたに代わって、社会保険事務所が免除申請をやっておきます。不要であれば、連絡をください。連絡がなければ、手続きを進めます」

そんな内容のものだった。

母親が真偽をただすと、若い彼は姿を消し、入れ替わりに、総務課長を名乗る男性が現れる。

「書類をもう一度見せてほしい」という母親に、総務課長は「できない」と答える。続けて、「上司が見せるなと言っているから」とも。

光武は尋ねた。

「要求しているのは当事者。見せられないというのはおかしいでしょう」

すると総務課長は言った。

「公務員は上司が言ったことに対して反抗できない。それをやったら、業務命令違反になる」

と。

埒があかなかった。

スタッフルームに戻り、大阪社会保険事務局に電話を入れた。書類の存在について「言えません」の一点張りだった。

17日、光武が天王寺の社会保険事務所を訪ねていたちょうどその日。

ハンディカムを持って、藤田はミスター年金こと民主党・長妻昭衆議院議員を訪ねていた。「よくこんな資料を手に入れたね」と言われた。

しかし、藤田はスタッフルームに戻ってから光武に怒られる。

「ダメですよ藤田さん、大きなカメラ持って行かないと」

声がよく録れていなかったのだ。長妻のコメントは、ノイズ交じりでのオンエアとなった。

2人の撮ったビデオをつなぎ、そこまでの様子を放送したのが翌18日木曜日。

「重大な疑惑」として報じた。

まだ、確実な証拠がなかったのだ。

しかしこの日、社会保険庁の国民年金事業室長は、全国の事務局長宛に、再調査を要請している。

情報公開請求は受理された。書類は出てきた。大学生の署名がある。

試しに、大学生にも、父親にも母親にも、彼の名前を書いてもらった。

明らかに筆跡が違う。

これで偽造は間違いないと確信した。

よく請求に応じたなと光武は思ったが、それは社会保険事務所側の「お手上げ」のサインでもあった。

社会保険事務所からは「いったい何が起きていたのか」正式な回答がないまま迎えた22日。ファクスが届いた。差出人は大阪社会保険事務局。件名は「『国民年金保険料免除・納付猶予申請』にかかる承認手続きの誤りについて」。「この件について、府政記者クラブで会見します」とのメモ書きもあった。

藤田と光武が駆け付けると、社会保険事務所はあっさりと、不正な手続きがあったことを認めたのだった。

翌23日、朝日新聞などが一面でこの問題を取り上げて、大阪の一社会保険事務所の問題が、社会保険庁全体の問題になった。

関西ローカルの番組が、全国的なムーブメントを起こした。

火はつけた。あとはもう、東京に任せておけばいい。

奈良はそう判断した。事実、もう自分たちは何もしなくても、話は大きくなっていく。

ここまで物事がドラマティックに展開するのは、光武にとっても初めてのことだった。

24日、衆議院の厚生労働委員会で、民主党の山井和則衆議院議員が村瀬清司社会保険庁長官への参考人質問を行った。

長官はいつ、どのタイミングで、この不正免除を知ったのか。山井は、大阪社会保険事務所から入手した資料を手に、こうただした。

「5月15日、ＡＢＣ放送から大阪事務局に対し免除申請書の偽造があるのではないかとの取材申し込みというのがあっております。3月の時点、京都でこの不正が発覚した時に全国調査した時には、どこも他は不正やっていないという回答だったわけですよね。ところが、これ、私も関西ですから見ておりますが、夕方の『ムーブ！』という番組ですよ。そこからの取材があってこの問題が出てきたんです。村瀬長官、ということは、その番組の取材がなかったら、今回のこの不正の免除の問題はこんなに明らかになっていなかったということですか」

長官の答えははっきりしたものではなかったが、これによって、『ムーブ！』の名が、国会議事録に刻まれた。

取材者冥利に尽きる、と藤田は思った。

名実ともに、看板番組に

その後間もなくの2006年6月。『ムーブ！』の月間視聴率は9・0%を達成する。初めて『ぷいぷい』を抜いた。

7月31日。『ムーブ！』が高校野球のため放送を長く休む8月を前に、よみうりテレビが関西ローカルの情報番組『情報ライブミヤネ屋』の放送を開始した。関西夕方戦争はますます熾烈になり、新聞の関西版でも特集が組まれるようになった。『ミヤネ屋』は、約1年を経て、全国で放送されるようになる。

このころ奈良は、番組宛に奇妙なメールが増えてきたのに気づいた。奇妙なのは内容ではない。メールの差出人の居住地だ。東京や海外から、「いつも見ています」などというメールが届くのだ。『ムーブ！』は関西ローカルの番組。圏外では見られるはずはない。

しかし、メールの送り手は、ネットで見ているのであった。誰もが簡単に動画を公開できるYouTubeが普及したのはこの年だ。

国会で名前が出たこと、そして視聴方法が普及したことで、『ムーブ！』はすでに、関西ローカルの番組ではなくなっていた。

名実ともに、全国区になっていた。少し過激なことをやると睨まれ、即座に抗議されるようなー―。「訴えられて、そこまで話題になってナンボ」。東京の一部の番組は、そう考えている。番組が力を持つとはそういうことだと思っているのだ。しかし、大阪では初めてのことだった。視聴者からの期待はますます高まっていた。「『ムーブ！』ならやってくれるだろう」と。逆に酒場などで職場の不祥事を囁き合うグループからは「あ、こんな話してて『ムーブ！』に聞かれたらまずい」というような声が聞かれるようになっていた。

期待は時に、過剰なプレッシャーとなる。

番組開始当初にはそれなりの割合を占めていた「柔らかい」ニュースを扱うと、「『ムーブ！』のくせに」と言われるようになった。

あとになって奈良は、「番組が自分の能力を超えて大きくなった」と振り返る。視聴者からの、コメンテーターからの、そして作っている自分たちの「もっと、もっと」が、番組を勢いづかせる。

すでに、奈良の考えていた番組構成――前半に固い話題と特集、それから「ムーブ！の疑問」、中間でニュース枠、後半で柔らかめの「マガジンスタンド」、最後に芸能――は、見事に当たっていた。

目論見どおり、視聴率は時間帯があとになるにつれ、上がっていたからだ。

『ムーブ！』の印象は、前半に扱う固いテーマの話題に左右されることが多い。しかし、実際に視聴率を稼ぐのは、後半の柔らかい時間帯。前半で使って後半で稼ぐスタイルができあがっていた。

ニュースセンターに頭を下げて作った中間のニュースもかなりの力を発揮した。しかもニュースセンターは、たとえ30秒でも1分でも、ニュース枠があれば必ず映像を作ってくれる。台風や事故があれば、『ムーブ！』のために中継車を出してくれる。

怒鳴り合いもしたけれど、奈良はニュースセンターに感謝をしてもしきれないと心から思っていた。

そのおかげもあって、ほぼ16時から18時までの放送の間、17時15分の時点で視聴率でトップに立っていれば、そのままトップで逃げ切れる、必勝パターンができあがっていた。

２００７年も絶好調だった。

4月、大阪市に口利き就職した元職員の証言を放送。

6月、人材派遣会社グッドウィルが、派遣労働者から「データ装備費」200円を徴収していたことを「ムーブ！の疑問」で取り上げる。これを嚆矢に、グッドウィルは廃業することになる。

同6月。接骨院の不正請求問題を取り上げる。本来なら診療として扱われない行為を診療扱いすることで、健康保険を不正に受給していた疑い。数回にわたって放送し、反論のために業界団体のトップがスタジオへやってきた。

このころ、コメンテーターの二木啓孝に参議院選挙出馬が噂される。これを放送で全否定。

7月、参議院議員選挙で自民党が歴史的惨敗。

9月、高槻市バスの「幽霊運転手」の存在を放送。これは、業務時間内に組合活動にいそしんでいた運転手が、実際は運転していないバスを運転していたことにして、給与を得ていたというもの。従来から、組合役員に対して不当な優遇が行われていたことが明らかになった。

当初は、『ムーブ！』の取材に対してその事実を否定していた高槻市バス側が提出してきた書類に改ざんの痕があるなど、不審な点があとからあとから湧いてくる格好になった。

このころ、コメンテーターの橋下徹に大阪市長選挙出馬の噂が流れる。これを放送で全否定。

10月、内藤大助が亀田大毅を破り、WBC世界フライ級チャンピオンの座を初防衛。

そして11月。

会社には、人事異動がつきものである。

奈良に、スポーツ局への異動を命じる人事が発令された。

コメンテーターは一様に驚き、声明文を出した。それを聞きつけた『週刊新潮』が記事にした。タイトルは、「朝日放送不可解人事にコメンテーターが『怒りの連判状』」

番組に出演していたコメンテーター全員が、奈良の異動には何か理由があるのではないかと、朝日放送に質問状を出したのだった。

それを横目で見つつ、須々木は、奈良が外れることにさみしさを覚える反面、心が休まる思いもした。

「これで奈良さんも、少しゆっくりできるやろうなあ」

2代目プロデューサー・安田の不安

『ムーブ!』2代目の番組プロデューサーになったのは、安田だった。

『ムーブ!』の準備期間にニュースセンターにいた安田はその後異動し、奈良が抜けたあとの『コール』でプロデューサーを務めていた。

予感はあった。「『ムーブ!』から奈良が外れることがあれば、次のプロデューサーは自分だろうな」と。

それは奈良も同じだった。

「安田は『コール』を非常にうまく作り替えた。僕がやっていた時より格段いい番組にした。だから『ムーブ!』を誰かに引き継ぐことがあるとすれば、安田しかいない」

しかし、こういう形で引き継ぐことになるとは、ふたりはもちろん、誰ひとり、想像していなかった。

内示が出た10月、安田は右の鎖骨を骨折する。

原稿を読みながら階段を降りていて、踏み外したのだ。ザ・冷静沈着とでも言うべき安田らしからぬ、不注意。

周りは面白がって、「さしもの安田さんも動揺している」「いや、誰かに突き落とされたらしい」と噂した。


安田は、奈良の始めた『ムーブ！』を面白いと思って見ていた。さまざまな素材を用意し、それを複数のコメンテーターにぶつけ、発言を引き出すスタイルは新鮮だった。『コール』にもコメンテーターはいる。しかしコメンテーターが複数いることの相乗効果は、計り知れないものがあると感じていた。

ただ、安田には懸念もあった。

もうスタイルができあがった番組である。変えるつもりはなかったが、そこへ自分が単身乗り込んでは、やりづらいのではないかと思った。

その予感は、新旧プロデューサーの歓送迎会の席で現実のものとなった。「怒りの連判状」を出したコメンテーターからの、奈良を讃辞する手紙が読み上げられる。そのあとで、「今後は私が担当です。よろしくお願いします」と挨拶しなくてはならないのだから。

もちろん、コメンテーターに悪気がないのはわかっている。スタッフだってそうだ。しかし、ほとんど奈良が集めてきた人間だ。実質的に、奈良の下でしか番組を作ったことのない人間も多い。

そこへポンと入って行って、どんな風に受け止められるか。

もちろん奈良は、申し送りをしていた。

「安田は、おとなしいけれど志のある男だ。安心してほしい」と。

ただ、言われただけではなかなか理解できないのが人間。

社員プロデューサーは、その権限で、社外スタッフを入れ替えることができる。それこそ奈良がやったように、これはと思う人間を連れてきて、『ムーブ！』には合わないと思った人間は他の番組に紹介してもいい。一部の外部スタッフは、これを機に、契約が終わるのではないかと心配もした。

安田はそれをしないと決めていた。が、受け入れた側は、それを知らない。

新しいボスを前に、戸惑っていた。

何でもかんでもしゃべって歩き、細かなところにまで口をはさむ、声の大きい奈良と比べ、安田は口数が少ない。声も小さい。番組内のコーナーは、それぞれのディレクターに任せる。

少なくとも最後の一点においては、それが普通のプロデューサーだ。

しかし、あまりに強烈な奈良のやり方に毒されていたスタッフには、物を言わない安田が怖く見えた。

何を考えているのか、わからないからだ。

そしてその恐れる心中は、安田にはわからない。

お互いがお互いをよくわからない日が何日か続き、安田とスタッフとの間で、話し合いが持たれた。

「もっといろいろ話してください」

そう言われて、安田もようやく、彼らが不安を抱いていたことを知った。安田としては、彼らに心配をかけたくなかっただけだったのだが。

安田は、目前の問題を、全員に話して聞かせた。

ちょうどプロデューサーが奈良から安田に変わった2007年晩秋、放送局の業績は、急激に悪化していた。

朝日放送だけの話ではない。

2007年度の民放キー局の営業利益は、それまでの横ばいから大幅に落ち込んでいる。

夏ごろまでは、良かったのだ。

ところが10月のスポット広告が各社、9月に比べて減少する。従来ならば、番組改編期の10月は、増えるはずなのにもかかわらず。

放送各局はこれまで経験したことのない事態にうろたえ、経費削減を打ち出し始めていた。

安田は、特集の廃止を決めた。

特集は、日本海でエチゼンクラゲが大量発生すれば駆け付けてじっくりと取材し、実態をリポートするような、つい見入ってしまうようなコーナーだ。

比較的長い時間をかけて取材し、15分前後のVTRに編集して放送する。長らく須々木が担当をしてきた。

Today's班がスピード重視でチームワークの仕事をし、疑問班がマイペースに〝妄想〟をしてゆるやかな連帯の中でコーナーを作るのに対して、特集班のスタッフは、独立独歩。ロケの現場に出ると、そこを職場とし、スタッフルームにはなかなか戻らない。ひと言では表現できない、個性的なスタッフの集団だ。

けれど須々木は彼らこそを、「プロのテレビ屋」とみなし、時には叱咤し、時には尻ぬぐいをして、育ててきた。

作られるVTRは、上質な短いドキュメンタリー。

ドキュメンタリーが作りたくて放送局を志した安田も、好きなコーナーだった。止めるのは忍びない。しかし、その制作費がまかなえなくなってきていたのだ。

そこまでなのか、とスタッフは一様に驚いた。

そして、毎日の中で、自分たちには経費削減のため、何ができるのだろうかと考える。

「たとえばコーヒーやお茶を飲む時に」、庶務担当の女性が説明する。「使い捨てのカップを使わず、マグカップを使うようにすれば、それも経費削減に貢献するんです」

予算のことをあまり気にしない奈良のもとで仕事をしてきたスタッフには、それは衝撃的な話だった。自覚が足りなかった、と気づいた。そしてそこまでしないと、本当に費用が捻出できないのだと。

翌日、ほとんどのスタッフがマグカップを持って出社した。

特集が廃止されたことで、番組全体で、VTRの時間が短くなり、その分スタジオで展開する時間が長くなる。その分、コメンテーターの話す時間が増える。『ムーブ!』と言えばコメンテーター、という印象が、はからずもますます強くなりつつあった。

２００７年末、コメンテーターである弁護士の橋下徹に、大阪府知事選出馬の噂が立つ。翌日番組で否定するものの、翌週には正式に出馬を表明。翌年1月の選挙当日まで、府知事選の話題は何度となく取り上げることになる。

高まる評価と信頼関係

２００8年は、チャイナの年であった。3月、チベットで大規模な暴動が発生。5月に四川大震災、台湾に新総統誕生。8月に北京五輪。その五輪の前、世界各国を巡った聖火リレーは、厳戒態勢の中行われ、チベット解放、すなわち「フリー・チベット」を掲げる人々と、リレーを無事に終わらせたい人々との衝突が、あちこちであった。

日本国内での聖火リレーでは4月24日に行われた。

19番目の走者の走行中にはチベット国旗を持った男性が、「フリー・チベット！」と絶叫しながら乱入した。

多くの報道機関では当初「台湾籍」とだけ報じられたその42歳の男性は、チベットからの亡命者であった。

『ムーブ!』は、20日間の勾留から解放された、彼の独占インタビューを放送した。

この年の4月。『ムーブ!』はもうひとつ、独占インタビューを放送している。

それは、山口県光市での母子殺害事件の遺族である、本村洋氏のインタビューだ。

少年事件に詳しいノンフィクションライター・藤井誠二による「事件後を行く」というコーナーの延長。担当は藤田。2月にコメンテーターに加わった藤井を生かす企画としてスタートした。コーナータイトルをつけたのは安田。

本村氏へのインタビューは、藤井の他、宮崎哲弥が行った。

このふたりになら話してもいい、という意思を本村氏が示したからだ。

藤田にも「本当は、本村さんはどう考えているのか」を尋ねたい思いはあった。

23歳で凄惨な事件により遺族となった彼は、メディアへの露出が増えるにつれ、無表情に、頑なに、強い口調で論戦を張るようになった。そしてひところから、インタビューへ応じなくなってくる。それはおそらく、都合のいいようにカットされ編集されるインタビューへの絶望が、そうさせたのだと藤田は想像していた。

だから「事件後を行く」では、無言部分をカットする程度で、すべてそのままを、差し戻し審判決公判をはさみ、3度にわたってオンエアした。

「ありがたいことに」と藤田は振り返る。

『ムーブ!』ではそれでも、視聴率が下がらなかった。むしろ、放送中は上がっていった。放送する側は、インタビューが長いと不安になる。飽きられて、チャンネルを変えられてしまうのではないかという恐怖感があるのだ。

けれど『ムーブ!』は違った。

それは長い時間をかけて、作り手と、視聴者との間に、信頼関係ができていた証だろう。

本村氏のインタビューでは、その「普通のお兄ちゃん」な一面に驚いた藤田だが、「事件後を行く」の取材では、何度も泣いている。

想像はしていたつもりでいた、被害者の現実を目の前にしたからだ。

事件被害者は、事件直後は取材攻勢にさらされるが、その後は特にケアされず、放り出されていることが多い。そして世間は被害者に、被害者らしさを求め続ける。

被害者がテニスをするなんて、被害者がいい車に乗るなんて。

それがさらに被害者を苦しめる。

それでいいのか。被害者こそ、つらい思いをしたことを覆すほどの幸せがあったっていいじゃないか――その問題提起こそが、マスコミが本当にやらなくてはいけない仕事だ。藤田は今も、そう思っている。

２００８年６月。朝日放送はＪＲ福島駅をはさんで南側の新社屋に移転。９階が『ムーブ！』の根城となった。

これを機に、「マガジンスタンド」は「ニュースシアター」へ変更となる。

雑誌から記事を引用するのではなく、雑誌に記事を書くことを仕事としているライター陣に、『ムーブ！』のために原稿を書き下ろさせることにしたのだ。

担当するのは、テレビ朝日、そして朝日新聞への出向も経験している戸田香。

報道記者が長く、行政に強い、クールビューティな彼女は、ライターから原稿を集めるという、慣れない仕事をこなしていくことになる。

「ニュースシアター」第１週の原稿を書いたのは、コメンテーター陣。

「ムーブ!をほめ殺す」をテーマとして、筆を競った。

6月30日月曜日。

「『ムーブ！』というのはいいタイトルだ。次の雑誌を創刊する時にはいただきたいくらいだ」と、花田紀凱。

元『週刊文春』編集長。文藝春秋退社後は、朝日新聞社で『uno!』、角川書店で『メンズ・ウォーカー』、宣伝会議で『編集会議』の編集長を務めたあと、現在、ワックで『WiLL』編集長。

「動く社会を追いかけるだけではなく、社会を動かす『ムーブ！』。今私は、この番組の中に居場所があることに、無上の喜びを覚えている」と、山本譲司。

元衆議院議員。秘書給与流用の詐欺罪で逮捕、起訴され、服役。その経験をもとに取材、執筆を行っている。

出演者を散々からかって「いやあ、いくら褒めても褒めたりない」とまとめたのは勝谷誠彦。過激な表現と子供っぽさが同居するコラムニスト。時事問題、旅、食、文芸。何でも書き、何でもしゃべる。

7月1日火曜日。

「私はかつて、新聞社の外信部デスクをしていた。その時の私が『ムーブ！』を見たら、きっと『抜かれてしもた』と歯ぎしりしていただろう」と上村幸治。

獨協大学教授。元『毎日新聞』中国総局長。穏やかに中国に向ける視線には、愛と批判とが入り混じっている。

「天にかわりて不義を討つ、これぞわれらが『ムーブ！』の真骨頂」と見得を切ったのは須田慎一郎。

金融業界の表も裏も知り尽くした一匹狼。著書も、討論番組への出演も多い。

7月2日水曜日。

「私は『ムーブ！』が嫌いだ」で始め、「『ムーブ！』頑張れ、だ。えっ、『嫌いじゃなかったのか』って。誰がそんなことを言ったんだ？」と締めたのは二木啓孝。

元『日刊ゲンダイ』ニュース編集部部長。オウム真理教批判の先鋒となった姿は記憶に新しい。参院選出馬の噂が流れると、『ムーブ！』で否定した。

相撲も野球も語れる漫画家・やくみつるは漫画で参加。「敢えて言う。『ムーブ！』って要らなくない？」とは、洗浄機能付き便座にある「ムーブ」機能のこと。

7月3日木曜日。

元『読売新聞』社会部記者・大谷昭宏の原稿は、「なぜこのような番組が今、関西の視聴者に圧倒的かつ熱狂的な支持を得ているのか」で始まった。

「『関西色』とか『東京では言えないことを言える番組』と評されるのを通り越して、言ってはいけないことを言えるすばらしい世界最高の番組になるかもしれない」と、少年問題に詳しく、被害者取材を多く手がける藤井誠二。

「『言っていいこと、悪いこと。言っていい人、悪い人。言っていい場所、悪い場所』、『ムーブ！』がこれを完璧にわきまえた番組作りをしていることは、視聴者の皆さんが一番よくわかっておられるはず」と、数々の新党立ち上げにかかわってきた政治アナリスト・伊藤惇夫。

7月4日金曜日。

「コメンテーターたちは今日も楽しげに、痛ましいほど無邪気に、『ムーブ！』という名のサファリパークを走り回っているのである」と人権派を自称する作家の若一光司。

「『ムーブ！』の緊縮財政はいかがなものか。多様な報道の担い手として、ニュースの健全性を担保する番組として『ムーブ！』が存在するためにも、朝日放送に言いたい。もっと予算を！」と、経済問題をパッとまとめてわかりやすく解説することにおいて右に出る者のいない財部誠一。

「『ムーブ！』は、変な人が多いです」とバッサリ斬ったのは、『気がつけば騎手の女房』の吉永みち子。

どの原稿にも、番組への愛が満ちていた。

8月。高校野球開幕で番組が休止に入る前日に、福田内閣の改造。高校野球が終わると、北京五輪の総括。福田総理電撃辞任。政局は動くが、それは小泉劇場ほどに魅力的なものではなかった。9月。アメリカでリーマン・ブラザースが破綻。伝えるニュースは暗いものばかりになりつつあった。直後に麻生内閣発足。

10月を経て、アメリカではオバマ大統領が当選。そして。

突然のカウントダウン

2008年11月。テレビ局の中間決算が相次いで発表された。在京キー局では日本テレビとテレビ東京が赤字に転落。朝日放送を含む在阪準キー局も、すべて赤字となった。

11月のその日、オンエアが終わり、いつものように反省会を開く前に、安田は何人かの社員とともに、上司に呼ばれた。コメンテーターらとの打ち合わせに使うスペースに、数人が集まる。

絶句した。

『ムーブ！』打ち切りの知らせだった。

予感がなかったわけではない。経営状況の悪化はよくわかっていた。

『ムーブ！』の視聴率は、2008年10月で6・8％。シェアは21・3％。悪くない。しかし、どれだけ視聴率を取れても、夕方の時間帯が儲からない事実は、何ら変わっていない。

放送は2009年3月まで。

ガラスで仕切られたスペースに社員が集められているのを見て、不審そうなスタッフもいる。顔色を変えず、淡々と聞いた。

スタッフに知らせるのはあとでだ、と安田は考えた。先に、コメンテーターら出演者に知らせるべきだ。なぜならばスタッフは身内だから。他人にこそ、先に仁義を切る必要がある。

いつもどおり反省会を終え、外部スタッフが帰ってから、手分けしてコメンテーターに電話を入れた。みな一様に、絶句した。

「本当なのか」「信じられない」「出演料は減らしてもらっていいから続けられないか」

そう言われるたび、受話器を耳に頭を下げた。

深夜まで、電話をかけ続けた。


体をシートに預けるようにして、安田はタクシーの後部座席に乗り込む。

北へ約20キロ。そう遠くない自宅への道順を、ドライバーへ告げる。

肩が凝っていた。

大きく息を吐く。

けれど、まだ、自分にはやらなくてはいけないことがある。

携帯を取り出し、時刻を確かめると、すでに日付は変わっていた。

窓の外は暗い。流れるようにときおり、白、赤、そして橙の光が通り過ぎる。

エンジンの振動に揺られながら、安田は電話をかけた。

繰り返される呼び出し音。

留守電になるかと思ったその時、脳天に刺すような奈良の声が、右耳にあてたスピーカーから溢れてきた。

「なんや安田、珍しいやないか」

「すまん」

自らの口をついているにもかかわらず、それは知らぬ人の声のように安田の耳に響く。

「守れんかった」

そう告げた。


打ち切りを知らされたスタッフは、それぞれ、番組に思いを致していた。

堀江は、他の誰かが仕切っている『ムーブ！』を見てみたかったと思った。放送が毎日ある番組の出演者は、交代で長期休暇を取ることが多い。しかし『ムーブ！』の場合は、高校野球で夏に一斉に休む。したがって、堀江は自分の出ていない『ムーブ！』を見たことがない。

自分の司会に毎日、自信がなかった。これでいいのか、迷い続けていた。辞めたいと思っていた。思いとどまらせてくれたのは、視聴者だった。

拒食症の問題を取り上げたことがある。それを見ていた拒食症に悩む視聴者が、メールをくれたのだ。「真剣に取り上げてくれて、ありがとうございます」と。

実は、番組に寄せられる声は、批判が圧倒的に多い。テレビに限ったことではない。作り手に、「いい商品をありがとう」という声が伝わることは、あまりない。人間がわざわざ声を上げるのは、クレームをしたくなる時だからだ。

しかし、彼女は堀江にそれを伝えてくれた。さらに、怖がっていた外出を克服し、スタジオまで来てくれた。

はっきり言ってはくれなくても、彼女のような視聴者が、他にもいるかも知れない。その人たちのために、全力を尽くそう。堀江はそう思った。もちろん、残りの半年間も。

関根は、その夜、眠れなかった。抱え続けていたアレルギーが、全身に蕁麻疹となって出た。スーパーマーケットから世界が見える、そんな番組にかかわりたいと報道アナウンサー志望で入社し、しかし主にバラエティを担当してきた関根にとって、『ムーブ!』は初めての、報道色の強い番組だった。コメンテーターが持てるすべてをさらけ出して真剣に言葉をぶつけ合う現場で、「自分とは何か」を考えさせられてきた。

関根は、本を書こうと決めた。それまでは隠してきた、アレルギーとともに生きた半生を、自分のすべてを、表現したいと思った。そして本を書くことで、『ムーブ!』を活字に残したい、とも。

上田は、「アナウンサーとしてこれが最後の番組になるかも知れない」と、いつからか思っていた。社屋の内外に、朝日放送のアナウンサーが司会を務める番組のポスターが貼られている。気づけば自分の後輩ばかり。そのうち『ムーブ!』を、自分が卒業することになるだろうと思っていたのだ。先に番組がなくなるなんて。そう思った。そして一度、堀江の座っていた席に座りたかったと。

堀江にも、それは十分にわかっていた。

加藤は、「辞めなくてよかった」と思った。

加藤はその年の3月、アナウンス部の上司に、『ムーブ!』を降りたい」と申し出ていた。番組開始当初は、芸能とニュース担当。リポートのために街に出ることもあった。山本が離脱してからはサブとして堀江の隣に座り、関根が加入してからはまた芸能とニュースに専念する。経費削減のためリポートが減り、ニュースもなくなり、自分が『ムーブ!』で何を求められているか、見失いそうになっていた。

しかし、降板の申し出は、撤回した。

考えた結果、『ムーブ!』は、かかわれていることが誇れる番組だと思ったからだ。

社外のスタッフは、「まさか」と思った。経営状態がよくないことは知っていたが、看板番組をなくすなんて、と。

何年もテレビで働いているスタッフは、事実を受け入れようとした。始めるのも、終えるのも、決めるのは放送局であって当然。自分たちはそれに従うことしかできないのだから。

一方で、もったいないなとも思った。4年間で急成長した番組だからだ。多くの人にその名を知られた看板番組を、終わらせるのは惜しいのではないかと。

そして、自分たちが失業するという事実は、淡々と受け入れようとしていた。それはわかっていたことなのだ。番組が終わっても、朝日放送社員には異動する先がある。仕事がある。給与は出る。

でも、自分たちは仕事を失うことになる。しかも五曜日通い詰めていた、ほぼ唯一といっていい仕事を。

疑問班の澄田は、いつかの疑念を思い出していた。木戸にきわどい取材に行けと言われた時の、「社員はいいけれど、自分たちは」という、あれを。

しかし、その考えは捨てた。

ぶつかり合い、やり合い、怒鳴り合いもした木戸が「社員である僕らには次の配属先がある。でも、外部スタッフは職がなくなる。それでも番組を止めるのか」と涙ながらに上層部に食ってかかったと聞いたからだ。

フロアディレクターの久保は、最後の1週間はどうなるだろうと思った。きっとみんな、指示を無視してしゃべり続けるに違いない。

「でも、まあ、いいけど」

ときおり、コメンテーターから、「俺が一生懸命しゃべっているのに、そこで手を回すな！」とオンエア中に怒鳴られるようになっていた。手を回す、とは、短く切り上げて、の意味。CMに入るとそのコメンテーターから「さっきはごめんね」と謝られる。そうされなくても、「わかっててやってるんだ」と久保はわかっていた。信頼関係ができあがっていた。

Today's班の若いスタッフは、番組が終わることに慣れていない。打ち切りを、初めて経験するスタッフも多い。なぜなのか、何がいけなかったのか。お金の問題と言われても、素直に受け止められなかった。

「どういうことなんですか。なんで終わるんですか」

そう言われて安田は、彼彼女らと、飲みに出かけた。

安田にはもうわかっていた。彼彼女らの不満・不安は、言葉が足りないことから生まれるものだということを。

なぜ終わるのかについて、安田は「お金の問題」としか言えない。しかし、放送局の置かれている現状、夕方の時間帯の番組の宿命について、持てる知識を総動員して解説を加えることはできる。

いつもカメラの前で、コメンテーターたちがしているように。

安田は、居酒屋のテーブルで、あちこちから飛んでくる疑問に対し、自分なりの見解を示した。丁寧に言葉を紡ぎ、納得してもらえるまで、何度も繰り返した。

聞いていたスタッフは思った。

「ああ、やっぱり安田さんも、『ムーブ!』のことが好きやってんなあ」

わかっていたことではあった。けれど、言葉にしてもらうことで、ますます強くそれを実感できた。一度でも、そうではないのではと思った自分を恥じた。

結果、誰ひとり腐らなかった。最後まで、これまでどおりの、これまで以上の『ムーブ!』を作ろうと、かえって燃えた。

その直後、11月下旬。

Today's班に途中から加わっていた藤本知津は、自転車に乗っていて事故に遭った。治療中に『ムーブ!』が終わってしまうかもしれないと思った。

『ムーブ!』から離れていた本田に、安田から電話が入ったのはそのころ。もう一度『ムーブ!』を手伝ってくれないかというのだ。番組は終わる、しかし、スタッフがひとり怪我をした、と。

「そういう運命だったのかもしれない」

そう思って本田は12月から、スタッフルームに戻った。送別会をしてもらってそれほど経っていないのに、少し恥ずかしいなと思いながら。

一方で、全治3カ月と診断された藤本は、1カ月間の入院生活を送ることになる。

2008年12月、2009年1月、2月と、月間平均視聴率は7・0%を維持。誰もが「終わる番組」とは思えなかった。

それぞれの想い

2月下旬になると、『ムーブ!』のスタッフルームでは少しずつ片づけが始まっていた。

そしてこのころには、視聴者にも『ムーブ!』がなくなることが知れわたり始めている。

寄せられるファクス、メールは、番組の終了を惜しむものばかり。

「こんなにたくさんの人たちに、愛されていたんだな」

結果として、番組の最初から最後まで立ち会う唯一の社員となった木戸は、一通一通を読みながら、そう思った。

直接の声も聞こえてきた。それは、タクシーの運転手から。

『ムーブ！』の放送時間は、ちょうど早番と遅番の交代の時間にあたる。だから彼らは見ていた。朝日放送の社屋前からコメンテーターやアナウンサーを乗せると、声で出演者とわかる。降りる間際に「もっとズバッと言うたってや」「楽しみにしてまっせ」と言ってくれた。そして、「終わるんやってんな」「残念やな」と。

コメンテーターの勝谷誠彦とアナウンサーのひとりがロケに出る、「知られてたまるか！」（通称「知らたま」）も、最終回が近づいていた。

関西圏の、気取っておらず高すぎず、それでいて食事もお酒もおいしい店を紹介するコーナーだが、その店の名前は出さない。ばれそうなところにはモザイクをかける。問い合わせには一切応じない。

それなのに「おいしい」「おいしい」と、勝谷と、堀江・関根・上田・加藤アナウンサーが交代で、酔っ払っている様子が、夕方の電波に乗った。

演技ではない。本当に、酔っ払っている。

視聴率は、実はさほど高くなかった。しかし、反響は大きかった。

「なんで教えへんのや」「そんなコーナー止めろ」

コメンテーターの担当コーナーの中で、視聴者からの苦情が、もっとも多かったと言っていいだろう。

担当プロデューサーは、須々木。

「教えないもんね」と腹を決めていた。意地悪をするつもりで、ではない。その方が面白いからだ。そんな番組、見たことないからだ。

『ムーブ!』とはどんな番組かと問われれば、それぞれに思うところがあるだろう。須々木は、硬派な報道番組と思われることに、異を唱えたい気持ちもあった。

なぜなら、テレビは娯楽だからだ。

もちろん、報道や討論があってもいい。でも、面白さもあっていい。だから「知らたま」は、面白く作ってきた。書籍にもなった。店の情報は袋とじにして。

酔って、ロケの途中で居眠りをしたこともある上田も、「知らたま」は、楽しかった。たいていの店を再訪した。アナウンスルームでは、加藤と「毎日『知らたま』のロケだったらいいのにね」と、よく話をしていた。

ロケは原則として店の営業時間内に行う。スタッフは、他のお客さんもいる店内で、つま先立ちでカメラをまわし、音声を拾い、進行を確かめる。カメラの前の出演者が酔った勢いで放送できないようなプライベートなことを話すと、すかさず須々木から「今のところ使ってええんか」と確認が入る。

そうしてくれるから、出演者は安心して酔えた。

最後のロケで、上田は泣きに泣いた。


スタッフルームでの片づけに手をつけ始めた塩見は、放置されたままになっていた「ドラえもん募金」に気がついた。

「これ、どないしよう」

スタッフの入れ替わりなどもあり、いつの間にか罰金制度はなくなっていた。途中、忘年会の景品を買おうとか、広辞苑を買おうとか、アイデアは出たが、結局お金だけが残された。

「飲み会にでも使う?」

「どうせなら、普段はしないような使い方しよ。それでいて、『ムーブ！』の記念になるような」

募金箱代わりに使っていたペットボトルから全額を出し、100円玉を積み上げて数える。

総額約2万円。

思いついて、石田が言った。

「みんなでおそろいの『ムーブ！』Tシャツ作ろうや!!」

記念になる、外では着ないような、『ムーブ！』らしいTシャツ。

「コメンテーターの顔入れたらいいんちゃう？」

「それや」

「プリントなんて、アイロンで簡単にやれるんちゃうん？」

「そや、そや」

決まってからは早かった。

「できるできる。Tシャツなんかやっすいのでええねん」

「最後の1週間、毎日着たらいいんちゃうん？」

本田が、不要になった書類の裏にペンを走らせ、デザイン画を描く。

「洗ったらダメになるかもわからんから、1週間着たままやで」

「色は白は止めよ。汗で首の周りが黒くなるから」

Tシャツはユニクロで買えばいい。アイロンプリントキットも、売っている店は見当がつく。

Today's班は9名。

歴代誤字ワースト3が列挙されたペットボトルの中には、約10枚分の予算があった。

オンエアのない週末を使って、本田がデザインをし、リハビリから復帰していた藤本と一緒になって、アイロンプリントをした。

黒字に、白の四角。その中に、曜日ごとにコメンテーターの顔写真。背面は首のあたりに『ムーブ！』のロゴ。

黙々と作業をするうちに、本田は少し冷静になってきた。

塩見も、できあがりを見て、「やり過ぎたかな」と思った。

モノ言いたげなコメンテーターの顔が並ぶその見た目が、あまりにも強烈だからだ。

本田は、直前に石田に持ちかけた。

「やっぱ止めた方がよくないですか？　さぶくないですか？」

石田は「やろう！」と言いきった。

塩見も本田も、冷たい視線を浴びることを覚悟して、3月2日月曜日、恐る恐るTシャツを着た。

すると。

まっ先に反応したのが戸田だった。

「いいなあ。でも、Today'sのみんなの分だけなんでしょう」

他のスタッフからも「欲しい」と言われた。コメンテーターは自分の顔が印刷されたTシャツに一様に驚き、そして喜んだ。

リクエストに応じて、Tシャツは増刷される。「ドラえもん募金」は底をついた。着てください、と強制はしなかった。実費と交換でいいから欲しいと言った人の分を、手分けして作った。最後には、仕事に追われながら、スタッフルームの隅でアイロンをかける始末。芸能班の手伝いもありがたかった。

最終日には、希望したスタッフ全員に行きわたった。もちろん、持たない、着ないスタッフもいる。それは自由だ。しかし、半数近くが着ていると、やはり目立つ。

安田はその様子を見て、心配になった。

番組に愛着を持つのはいい。しかし、あまりにその思いが強過ぎて、はたして彼らは、次の職場でうまくやっていけるのだろうかと。

「社会人なんやから」とたしなめたい反面、少しうらやましい気持ちもあった。「自分があのTシャツを着ることはないやろな」と。

生放送の裏側で

『ムーブ！』が放送されるスタジオは、朝日放送社屋の9階にある。それに隣接して、スタッフが取材や作業をするスタッフルームと、副調整室がある。スタッフルーム脇には、ガラスで仕切られた、打ち合わせスペースがある。その奥に出演者が着替えるための、小さな部屋。

スタッフルームの壁は、貼り紙とホワイトボードとで隙間がない。スタッフの電話番号の下四桁が、大きな活字で印刷され、壁に貼られている。ホワイトボードには、コメンテーターの出演予定、カメラ班の稼働予定、それからVTRの編集室の予約状況が記されている。視聴率でトップを取れれば、それの告知も貼り出される。

部屋で目立つのは、テレビだ。天井からぶら下がる複数台の液晶テレビには、それぞれNH

Kと民放各局のリアルタイムの映像が、音を消した状態で流れている。机やロッカーの上には一回り小さなテレビが置かれていて、これらは朝日放送にチャンネルが合わされている。机は、6人が向かい合うような形で配置されている。狭い机に、資料やVTRやDVDが、うずたかく積み上げられている。

日中は、空席が半分程度。取材に出ているスタッフが多いからだ。

打ち合わせスペースが活気づくのはオンエアの約1時間前、15時過ぎ。その日出演するコメンテーターが姿を現し始めるころだ。

テーブルをはさんで向かい合ったソファに、コメンテーターが座り、その日の台本をチェックする。ある者はちらりと眺めるだけ。ある者は自分の名前の書かれた場所に赤ペンで丸を付ける。

〝お誕生席〟にあたる椅子に、かわるがわる、その日の各〝枠〟を担当するディレクターがやってくる。大モニで展開する予定の原稿を手書きしたものを一枚一枚めくりながら、早口で進行を説明する。それを後ろで安田が立ったまま見守る。

ときおり、コメンテーターから質問が出る。「これ、資料どこにあたったの。別のデータもあると思うけど」

担当ディレクターはさっと「今から調べます」と言って席を立つ。

やり込められておろおろしていた4年半前が、嘘のような頼もしさ。

その繰り返しで、もう15時45分。安田が「ではそろそろ」と声をかけると、コメンテーターは一斉に立ち上がる。

トイレへ行って、それからスタジオへ。


出演者がスタジオへ入るのと前後して、スタッフは副調整室へ入る。

副調整室はサブとも呼ばれる。

カメラの切り替え、大モニの切り替え、テロップのインサート、マイクのオンオフ、効果音の挿入など、番組の進行をコントロールする司令室だ。

最前列中央には、3人の席が並ぶ。

時間の管理を任されているタイムキーパー、その日のオンエアを最初から最後まで担当するディレクター、それぞれのコーナーを担当するディレクターは交代で座る。

彼らの後ろで、カメラや音声などの調整をするスタッフが、機材の前に陣取る。

それをまたさらに後ろから見守る位置に、プロデューサーである安田の席がある。ジャケットが椅子に掛けられているから、すぐわかる。

安田の机には、ノートパソコンが1台と、音を消した小さなテレビが2台並んでいる。パソコンはヤフーにつながっている。テレビは1台が『ムーブ！』、もう1台が『ぷいぷい』を映す。途中からは『アンカー』にスイッチする。

オンエアの間、サブには、大きな声が飛び交う。

すべての動作をすべてのスタッフに知らせるためだ。スタジオを映していた画面がVTRに代わる時には「スタート！」、切り替えるべき用意ができた時には「V2は○○です。いつでも行けます」、テロップが入る時には「イン！」、消す時には「アウト！」といった具合。

テロップに文字の間違いを見つけると「あっ」と言う。出演者が面白いことを言えば、笑い声も起こる。うんちくを披露すると「へえ」と感心する声が上がる。

VTR、または大モニを使った説明が終わるころには、あらかじめの筋書きに沿って、「○○さんに振ってください」とスタジオでイヤホンをつけた久保に伝える。「次は○○さんで締めてください」といった感じだ。

長くなると「長い、長い」「次行ってください」

次のVTRや大モニで説明することを先に言われてしまった場合は「ああ、だからそれはあとで出すんや」「台本読んどきや」「もう、だから○○さんには振らんといて言うたんや」

しかし、もう、コメンテーターの癖はわかっている。

「○○さん長くなると思いますんでこれで終わりで」「ひと言あると思いますんで」

時間が押してくると、「はい、もうこれで次行って」「○○さん、もう黙っといて」

祈り通じず誰かが話し出すと「ああ」と叫びにも似た声がサブに響く。

枠がひとつ終わり、CMに入るたび、その枠を担当したディレクターは安田のところへやってくる。安田は短く「あれは面白かったね」「うまくはまったね」と言葉をかける。

その間に、スタジオもサブも、次の枠のための準備に入っている。VTRは入れ替えられ、カメラは移動する。台本は手直しされた新しいものに差し替えられる。

オンエアが1時間を過ぎたころ、安田はジャケットを羽織る。サブは機械が多い。それらが過熱しないよう、少し室温が低いのだ。

そして、その日・・・

3月6日金曜日。最後のオンエアの当日も、いつもどおりのあわただしさで、準備が進められていた。

16時前、スタッフルームで本田は青くなっていた。イラクから、西谷に電話中継をしてもらう予定になっているのに、回線の状態が悪く、切れてばかりなのだ。

「本田さん、電話がギリギリって、聞いた？」

「今聞いたわ。最悪やわ」

出演者がトイレに行き始める。

サブでは、「よろしくお願いします」とスタッフが声を合わせての挨拶をする。

安田が自席に着いたのは、『ムーブ！』のオープニングが始まるのとほぼ同時だった。

1枠、「Today's ムーブ！」、石田が仕切る。

CM、本田が駆け込んでくる。「すいませーん、バタバタで」

2枠、やはり「Today'sムーブ!」、西谷からの電話は、その日一番いい状態でつながった。

スタジオトークが白熱する。安田が立ち上がり、本田の脇へ行って指示を出す。「そろそろ最後の質問」

それは本田、久保を介して堀江に伝わる。

「最後に。西谷さんね」

堀江の質問に答える西谷の声を聞きながら、本田はこれからも西谷のVTRは自分がつないでいきたい、と思った。

3枠。「週刊若一ワールド」はまた盛り上がる。過去に放送したB級ニュースの今がどうなっているかを検証するものだ。VTRの中で、生真面目に解説する若一に、財部が「若一さんがそういうことを言っていること自体が信じられない」と言うと、サブでも笑いが起きる。

3枠終了時点で5分押している。

4枠。財部による「テレビの未来像」。スタッフルームで見ていた須々木は「『ムーブ!』は恐ろしい番組だ」と思う。自分たちのことを、ここまで言ってしまうなんて——。

5枠。山本の「関西オンリーワン企業」の最終回。

ここまでで、7分押し。

ＣＭの間に安田が指示を出す。「ニュースは定額給付金１本だけ。Ｖもできるだけ短く。『ニュースシアター』も１本落とす」

スタジオでは出演者が言葉を発し、サブでスタッフがそれを全力でサポートする間、スタッフルームでは、今日のオンエアに直接かかわっていないスタッフが、ロッカーや机の片づけをしている。明日から、ここではもう、仕事がないからだ。

壁際に並んだ大きなゴミ箱のうち「再生紙」は箱からあふれて、積み上がった部分が倒れそうになっている。

それぞれが最後の仕事を進める中、長身の男がサブに姿を見せた。

「安田」と声をかけたのは奈良だ。

奈良は異動以来、一度も足を踏み入れたことのなかった『ムーブ！』のサブにやってきた。新社屋での『ムーブ！』のサブに入るのは、これが初めて。

安田は短く言葉を返す。

奈良は、最後をスタジオで見届けることに決めている。

６枠。上田がニュース４本の予定のうちの１本を読む。今日の安田は、ずっと立ったままだ。

７枠。「ニュースシアター」も１本だけ。関根が本の告知をする。

8枠。「芸能ムーブ！」から、エンディングへ。

画面に映る藤田を、木戸を、光武を、そして石田を、塩見を、本田を、他の何人ものスタッフを、今日のオンエア担当のスタッフは、いくつものモニター越しに見た。

すべてのスタッフが注視していたオンエア画面が、ＣＭに切り替わった。

スタジオからは、拍手が聞こえる。

すべて終わった。

「お疲れ様でした」

サブでも、いつものように、誰からともなく声が上がる。

そして、しばらくの静寂があった。

スタッフは席を立ち、ひとりまたひとりと、拍手が鳴り止まないスタジオへ小走りに駆け込んでいく。

サブで、番組後の1分間のＣＭが無事流れ終わったのを確認し、安田は椅子にかけたままになっていたジャケットをはおった。

スタジオの外にいたスタッフは全員がとうに合流している。

手持無沙汰で、余韻を楽しんでいる。

ただ、みな、拍手が終わって、何をどうしていいかがわからない。

「で、どうしたら?」と堀江が言うと、みなが笑った。

生放送特有の緊張感は、スタジオから消え去っていた。

ここまでやってきたこと、出してきた結果に対する、誇りだけがある。

お互いがお互いを、笑顔でねぎらっている。いくらか恥ずかしそうに、小さな声で「お前のおかげでここまでこれた」「いや、それはお前がいたからだ」とでも囁き合っているように。

静かに人波をかきわけて、安田が中央へ進んでくる。

「安田さん」

振り返ると、塩見がいた。手に「安田さんへ」と書いた紙包みを持っている。石田も本田もいる。藤本の左足には、ごついサポーターが残っている。だれもが、鼻っ柱の強いディレクターではなく、年ごろの女の子の顔に見えた。

渡された包みは、包装紙ではなく、コピー用紙にくるまれている。

「何?」

包みを解くと、黒いTシャツ。

「ドラえもん募金」でまかなえた10枚のうちの、最後の1枚だ。

ヒューッと指笛、それから拍手。

安田は、着たばかりのジャケットを脱ぎ、セーターも脱ぎ、ワイシャツの上からTシャツをかぶる。

ぴたぴただ。

笑い声。

「似合わへんなあ」

「ホント似合わへん」

遠慮なく飛ぶ声が、ますますの笑いを誘う。

安田はその姿で、何枚もの、何枚もの写真に収まった。

全体の集合写真。記念撮影に入ることに遠慮しているスタッフに「入り、入り」「入れる人は入ろ」とまた別のスタッフが声をかける。

宴のあとの侘しさはない。後夜祭の切なさもない。

ここは、静かな祝勝会会場だ。ただ、ビールかけがないだけの。

いくつものカメラで全体写真が撮られて、それから班ごと、チームごとに分れていく。それはさらに細かく分かれ、入り混じる。

あるスタッフは、コメンテーターを捕まえて、ツーショット、スリーショット。朝日放送9階のCスタジオでは、放送用の照明がほとんど落とされた18時半になっても、あちこちでフラッシュが瞬いていた。

会社には、人事異動がつきものである。

2009年4月1日。

『ムーブ!』の放送終了から26日を経て、安田は総務部へ異動した。

入社以来、報道局の外へ出るのは初めてだ。

放送局へ入ってから、25回目の春が巡っていた。

付録1

『ムーブ!』の軌跡

●年表で見る『ムーブ!』
●データで見る『ムーブ!』

数々のスクープを発掘し、
大阪から全国へとムーブメントを巻き起こした
伝説のニュース・情報番組『ムーブ!』。
その4年半のあゆみを振り返る。

年表で見る『ムーブ！』

※年表の日付は放送日をあらわしています。
※ゲスト出演者等の肩書は放送当時のものです。

20041004 『ムーブ!』放送開始

20041006 執行猶予中の辻元清美元衆議院議員がコメンテーターとして出演。抗議多数

20041011 阪神タイガース引退直後の〝代打の神様〟八木裕氏が生出演

20041023 新潟県中越地震発生

20041025 『ムーブ!』本番中に、朝日放送スタジオ前で、タレントがコメンテーター・勝谷誠彦氏のマネージャーを殴打

20041027 新潟県中越地震の土砂崩れで生き埋めとなった優太ちゃん、本番中に救出の一報。ほぼ全編、東京からの生中継映像を注視

20041029 番組内で、4日前に起きた暴力問題についてコメンテーター陣が討論。空前の視聴率を記録。翌週も続報

20041123 近鉄の球団命名権売却問題に始まり、球団合併・1リーグ制・史上初のストライキなど激動のプロ野球について、阪神タイガース前監督の野村克也氏らをゲストに招き、ドラフト制度、FA制度、メジャーへの選手流出、高騰する選手の年俸、視聴率低迷の課題を語り合う

20041130 「知られてたまるか!」コーナースタート

20041214 このころ、大阪市職員厚遇問題が盛り上がる

20041227 3時間に拡大しての放送。レギュラーコメンテーターの宮崎哲弥氏、福岡政行氏、勝谷誠彦氏、大谷昭宏氏に加え、特別ゲストとして自民党の山本一太参議院議員、民主党の前原誠司衆議院議員を招き日本外交はどこに行くの

か、そして増え続ける国民負担についてディスカッション。番組後半は、芸能コメンテーター総出で「芸能ムーブ」の1時間スペシャル

20041228 引き続き3時間に拡大して、「ムーブ！プロ野球スペシャル」を放送。阪神タイガース前監督の野村克也氏と野球評論家の江本孟紀氏を迎え、パ・リーグの問題について徹底的に討論

20050111 4日間連続での「あの場所は今」シリーズ。震災の被災地の今を映像で振り返る

20050112 作家の吉岡忍氏が、この日から3日間にわたり阪神・淡路大震災被災地を取材リポート

20050117 全編にわたり阪神・淡路大震災を振り返る

20050125 大阪市役所問題で慶應義塾大学の跡田直澄教授生出演

20050127 映像ジャーナリストの岡田道仁氏生出演。インドネシア・スマトラ島沖地震被災地リポート

20050214 寝屋川小学校侵入刺殺事件発生。冒頭でヘリによる生中継

20050303 死刑制度の是非を木曜コメンテーターが激論

20050307 大阪市改革を進める大阪市都市経営諮問会議座長の本間正明氏と助役の大平光代氏が衝突。連日『ムーブ！』でも取り上げる

20050310 「ムーブ！事件ファイル」コーナースタート。月曜と木曜のレギュラーコーナーとなる

20050315 大阪市都市経営諮問会議座長・本間正明氏の解任の真相を、同会議の委員である竹中ナミ氏生出演で聞く

20050321 視聴者から応募を募り、子供コメンテーター5名をスタジオに招待。「こどもムーブ！」としてオンエア

20050401 山本モナアナ、『ムーブ！』を降板。6月にフリーに

20050405 大阪市役所問題を大阪市会の4会派の代表を迎えて徹底議論。自民党から大西宏幸議員、公明党から高田雄

七郎幹事長、民主党から小林道弘議員、野党・共産党から下田敏人幹事長を迎える

20050414 「関西オンリーワン企業」コーナースタート

20050419 大阪市のヤミ退職金・年金やカラ残業問題の真相究明などを行う特別調査委員会の委員長に就任した市民グループ「見張り番」の辻公雄弁護士が生出演

20050425 ＪＲ福知山線列車脱線事故発生。報道特番により番組休止。翌日から連日この事故を中心とした内容を展開

20050516 「追跡・事件ファイル」コーナースタート

20050518 「関西21世紀の匠」コーナースタート

20050520 「ふるさとは今」コーナースタート

20050523 ＮＨＫ『プロジェクトＸ』の捏造疑惑をスクープ。連日展開

20050530 コメンテーターの勝谷誠彦氏が〝竹島観光船〟に乗船し、現地リポート

20050808 高校野球中継で『ムーブ！』が休止になった初日に、小泉総理が郵政解散を表明

20050909 貧困撲滅の象徴として流行しているホワイトバンドが、「募金」などの形ではなく、貧者のために何の役にも立っていないことを放送

20050912 総選挙が自民党の圧勝で終了。これまで、コメンテーターもすべてを言えずに苦戦したことを逆手に取り、「いまだから言えるスペシャル」を放送

20050919 民主党代表戦で当選した前原誠司氏を特集。電話インタビューも決行

20050928 村上ファンドが阪神電鉄の筆頭株主に

20050929 関淳一大阪市長が大阪市改革マニフェストを発表

20050930 阪神タイガースが2年ぶりに優勝。元監督の野村克也氏、スポーツコメンテーターの井関真氏などを迎えて全編を通じて祝う

20051005 先の総選挙で新党大地を結成して衆議院議員に復活当選を果たした鈴木宗男氏が電話出演

20051017 小泉純一郎総理が秋の例大祭に靖国

神社を参拝。関淳一大阪市長が突然辞意表明。出直し選挙へ

20051019 新党日本代表・田中康夫長野県知事生出演

20051025 『大阪破産』の著者でジャーナリストの吉富有治氏を迎えて、破産寸前の大阪市を解剖

20051102 新党大地代表の鈴木宗男衆議院議員生出演

20051108 大阪市長選挙に立候補を表明した関淳一前市長と姫野浄前大阪市議がスタジオで討論

20051115 大阪市長選の公示中に、前代未聞の全4候補者が生出演し、「どうする大阪市！-徹底討論」を放送

20051118 「関西はじめて物語」コーナースタート

20051129 再選を果たした関淳一大阪市長が生出演

20051120 このころ、耐震偽装問題が表面化

20051205 WHO協会不正会計の独占長期取材をまとめて放送

20051220 田中康夫長野県知事生出演

20060116 ライブドアに東京地検特捜部の強制捜査。相場が大混乱する。1週間後には、同社の堀江貴文社長が逮捕される

20060202 皇室典範改正が政局化

20060220 製造から5年以前の中古電気製品の取引を制限する電気用品安全法(PSE法)を、「ムーブ！の疑問」で放送し、視聴者から大反響。社会問題化し、約1カ月後、法律は事実上撤回された

20060317 古い体質の議会に新しいタイプの市長が臨む生駒市議会が大混乱

20060322 第1回WBCで日本代表チームが世界一に

20060403 サブキャスターに関根友実が加入

20060410 民主党新代表に小沢一郎氏就任

20060419 阪急・阪神経営統合を報じる

20060428 ライブドア・堀江貴文元社長が保釈される

20060504 「和歌山毒物カレー事件」の被告の夫である、林健治氏独占インタビュー

社会保険庁職員の実態を内部告発者が激白

20060509 振り込め詐欺関連で後藤組組長逮捕、「経済ヤクザ」解明へ。飛鳥会小西代表逮捕に絡み「同和事業　悪弊切れぬ大阪市と銀行」など、刺激的なネタが並ぶ

20060518 社会保険庁が書類を無断で作成し、国民年金を不正に免除するかたちで組織的な納付率の水増しを行っているという疑惑をスクープ

20060522 大阪社会保険事務局が謝罪会見。3月に問題が発覚した京都、『ムーブ！』の取材で発覚した大阪、そして東京、長崎の他に三重、滋賀などでも組織的な不正が行われていたことが判明し、国会が大荒れに。「もうこれ以上はない」「組織的ではない」と断言していたにもかかわらず、組織的な偽装工作の事実が浮かび上がってきた。ここから連日の放送が始まる

20060606 村上ファンド代表の村上世彰氏がインサイダー取引の容疑で逮捕

20060616 大阪・奈良の社会保険事務所で身内の未納を削除していたことが発覚

20060619 民主党・山井和則衆議院議員が社会保険庁問題で生出演

20060627 「公開！福岡ゼミ」コーナーで、京都市役所「不祥事非常事態」を放送

20060703 自公推薦の現職を破り、滋賀県知事に嘉田由紀子氏が当選

20060705 北朝鮮のテポドン発射により番組短縮

20060803 社会保険庁不正免除問題で最終報告を発表

20060831 「激突!!生激論」のコーナーで、「行き過ぎた同和行政とは」をテーマに激論

20060920 自民党新総裁に安倍晋三氏が就任

20060929 『ムーブ！』元サブキャスター・山本モナが、民主党の細野豪志議員との路上キス写真を雑誌に掲載される

20061002 京都市ごみ有料化スタート。「ムーブ！の疑問」で開始のゴタゴタを放送

20061009 北朝鮮の核実験により、番組が短縮

20061024 京都市環境局の作業員待機用のマイク

ロバスが、ほとんど使われていないことを「ムーブ!の疑問」で放送。京都市環境局が翌日に廃止を表明

20061109 コメンテーターの橋下徹弁護士が出演する木曜日で、「教育委員会は必要か?」をテーマに生激論

20061123 「なぜ日本は右傾化するのか?」をテーマに激論

20061127 「ひろしまドッグぱーく」問題を初報道。ここから4日間連続放送

20061214 「ひろしまドッグぱーく」に強制捜査

20070122 宮崎県知事に東国原英夫(そのまんま東)氏当選

20070201 財政再建団体ワースト7の兵庫県香美町の新庁舎が、元町議会議長の敷地に建っていることをスクープ

20070308 事務所費で「ナントカ還元水」を買ったという松岡勝利農林水産大臣の答弁に見る、政治家とカネの問題を激論

20070323 民主党・原口一博衆議院議員が生出演。事務所費問題が小沢一郎代表に飛び火しかけていることについて質問

20070327 能登半島地震発生。その後、堀江アナが現地に入りリポート

20070402 元幹部刑務官が、看守と受刑者癒着の構造をスクープ激白

20070423 大阪市元職員が「私はこうして市に口利き就職した」とインタビューで証言

生駒市議会酒井隆議長逮捕。この後、数回にわたって放送

20070507 エキスポランドのジェットコースターで死亡事故発生

20070510 熊本市の慈恵病院で「こうのとりのゆりかご」(通称「赤ちゃんポスト」)の運用開始

20070514 地球環境問題についての独自の主張で知られる中部大学・武田邦彦教授生出演

20070528 林野庁談合と巨額献金が取り沙汰されていた松岡勝利農林水産大臣が自殺

20070611 コメンテーターの二木啓孝氏の参議院選挙出馬が噂され、放送で全否定

20070615 派遣大手のグッドウィルが派遣労働者

からデータ装備費として200円を無条件に天引きしていたことを「ムーブ！の疑問」で放送。のちに、返還請求の集団訴訟が起き、グッドウィルは廃業

20070619 接骨院の不正請求問題を「ムーブ！の疑問」で放送

20070621 牛肉加工会社ミートホープによる牛ミンチ偽装が発覚

20070702 市長辞職強要疑惑の奈良県五條市を取材。ハコモノ、談合行政の実態を放送。その後改革が進み、95％以上あった公共工事の落札率が70％台に低下

20070710 業界団体「全国柔整鍼灸協同組合」の岸野雅方理事長が、接骨院不正請求問題の報道内容に反論の生出演

20070716 新潟県中越沖地震発生

20070730 参議院選挙で自民党が歴史的惨敗。番組短縮

20070801 事務所費問題で批判を受けた赤城徳彦農林水産大臣が辞任

20070827 安倍晋三内閣組閣が放送時間に重なり番組休止。東京からの放送を見ながら『裏ムーブ！』を収録。翌日以降にその内容を放送

20070903 組閣からわずか1週間で遠藤武彦農林水産大臣が辞任

20070904 光市母子殺害事件の容疑者弁護団に対する懲戒請求を、コメンテーターの橋下徹弁護士が呼びかけ、逆に訴えられる

20070906 橋下徹弁護士の反論会見を放送。懲戒呼びかけについて激論

20070910 高槻市バスで、実際に勤務していない運転手が運転したことになって給与をもらっていたという「幽霊運転手」問題をスクープ。組合役員に優遇措置があったことが発覚

20070912 安倍総理、突然の辞任のため番組休止

20070918 幽霊運転手問題に関して、高槻市が公開請求を受けた公文書を改ざんしていたことを認める

20070920 橋下徹弁護士に大阪市長選出馬報道。番組で本人が否定

20070921 「ひろしまドッグぱーく」問題で取り上げた「アークエンジェルズ」が滋賀県進出。地元反対住民と大激突する様子を数度にわたり放送

20070925 福田康夫内閣誕生

20071012 伊勢銘菓「赤福」が製造日などを偽装していたことが発覚

20071101 奈良修プロデューサーらが異動

20071105 民主党小沢一郎代表が辞任会見

20071112 船場吉兆の食品偽装が発覚

20071118 大阪市長選で、元毎日放送アナウンサーの平松邦夫氏が当選。翌日、生出演して、改革を継続する所信を語る

20071205 コメンテーターの橋下徹氏が、大阪府知事選に出馬かとの一報

20071206 橋下徹氏、大阪府知事選出馬を生出演で全否定

20071211 橋下徹氏、大阪府知事選出馬の意向を速報

20071212 橋下徹氏、大阪府知事選出馬記者会見。コメンテーター降板が決定

20071213 「激突!!生激論」のコーナーで「橋下弁護士へのエールと疑問」をトーク

20080107 大阪府知事選に立候補の3人による生討論

20080115 船場吉兆が民事再生法申請

20080128 大阪府知事選挙で当選した橋下徹氏が生出演

20080129 ミートホープ牛肉偽装事件の告発者が生出演

20080131 薬物混入した中国製冷凍餃子による集団中毒の発生が報じられる

20080211 大阪府改革で矢面に立つ「ハコモノ」をシリーズで検証

20080215 橋下徹大阪府知事と東国原英夫宮崎県知事がそろって生出演、初激論

20080218 視覚障害者に音声試験を認めない公務員試験の実態を放送。橋下徹大阪府知事が検討を指示し、大阪府と大阪市で音声試験が一部実現

20080219 ミートホープ事件の内部告発者とともに、コメンテーターの勝谷誠彦氏が農水省に直談判。無責任体質を追及

20080225 「ロス疑惑」の三浦和義元社長が滞在先のアメリカ自治領サイパンでロス市警に再び逮捕される

20080228 宮内庁長官が会見で皇太子さまに苦言を呈したことについて激論

20080310 マスコミと裁判について議論。『週刊現代』の加藤晴之前編集長生出演

20080317 北京五輪を控え、チベットで暴動

20080401 租税特別措置法の期限切れによりガソリン価格値下げ

20080407 就任2カ月の橋下徹大阪府知事が生出演

20080417 光市母子殺害事件遺族の本村洋氏が『ムーブ!』の独占取材に応じる

20080501 ガソリン税の暫定税率が再可決される

20080513 中国・四川省で大地震が発生。死者・行方不明者8万7000人以上

20080619 コメンテーター・宮崎哲弥氏が降板

20080620 番組開始以来続いた、「マガジンスタンド」のコーナーがこの日をもって終了

20080623 朝日放送が新社屋に移転。これを記念して、井戸敏三兵庫県知事を除く近畿5知事をスタジオに集め「関西知事サミット」を放送

20080625 飯島勲元内閣総理秘書官生出演

「やく・みつるの不思議な大阪」コーナースタート

20080704 「週刊若一ワールド」コーナースタート

20080707 「ニュースシアター」コーナースタート

20080714 「特命取材班」コーナースタート

20080801 甲子園開幕で『ムーブ!』が休止になる前日に、福田康夫内閣改造を発表

20080825 北京五輪の閉幕を受け、「日本選手団の光と影」、「虚飾の五輪」のふたつの側面から総括

20080902 福田康夫総理の電撃辞任により番組短縮

20080916 米証券界老舗大手「リーマン・ブラザーズ」破たん

「夜スペ」で注目された杉並区立和田中学校元校長・藤原和博氏生出演

20080922 自民党新総裁に麻生太郎氏が就任

20081006 「特命取材班」で、「京都魚アラリサイクルセンター」で、設備不良によるずさん

な運用が行われていることをスクープ

20081104 音楽プロデューサーの小室哲哉氏が5億円詐欺で大阪地検に逮捕される

20081105 第44代アメリカ大統領に、バラク・オバマ氏が当選

20081216 就任1年を前に平松邦夫大阪市長が生出演

20090123 脳科学者の茂木健一郎氏が生出演

20090205 就任1年の橋下徹大阪府知事が生出演

20090302 不況対策の緊急融資制度を悪用して融資保証を騙し取るグループの存在をスクープ。翌日の大阪市議会で市長が「真実ならば断固とした姿勢で臨む」と答弁

20090305 論壇誌の相次ぐ廃刊、『ムーブ！』終了等を受けて「日本の論壇はどこへ行く」をテーマに激論

20090306 この日をもって『ムーブ！』4年半の歴史に幕を下ろす

データで見る『ムーブ！』

平均視聴率	7.4%
平均シェア	19.9%
最高視聴率	12.8%（2006年1月30日）
最低視聴率	3.6%（2004年10月7日、10月13日）
放送回数	1051回

2009年3月6日（金） **最終回放送時**		2004年10月4日（月） **初回放送時**
安田卓生	プロデューサー	奈良修
	キャスト	
◆堀江政生◆関根友実 ◆上田剛彦◆加藤明子	司会	◆堀江政生◆山本モナ ◆上田剛彦◆加藤明子
吉田裕一	天気	清水とおる
◆財部誠一　◆若一光司 ◆吉永みち子◆山本健治 ◆井上公造	コメンテーター	◆宮崎哲弥◆二宮清純 ◆山崎寛代
7.9%	視聴率	**4.6%**
21.0%	シェア	**13.8%**

おもなコーナー

「Today's ムーブ！」「ムーブ！の疑問」「芸能ムーブ！」

「チャイナ電視台」「勝谷誠彦の知られてたまるか！」「須田金融道」

「二木啓孝　真相の深層」「やく・みつるの不思議な大阪」

「事件にヤマあり大谷あり」「激突!! 生激論」「事件後を行く！」

「財部経済シンクタンク」「週刊若一ワールド」「関西オンリーワン企業」

「NIPPON を支える外国人」「KOREA ナウ」「特命取材班」「上杉政経塾」

「ミステリアス・ジャパン」「関西 21 世紀の匠」「ムーブ！事件ファイル」

「シリーズ追跡！」「ふるさとは今」「関西はじめて物語」

付録2

「勝谷誠彦の知られてたまるか!」完結編

~ラスト5軒の店舗情報を一挙公開~

情報番組の常識を破る、店名も場所も教えない、「日本一不親切」なグルメコーナー。
勝谷誠彦とアナウンサーが、本気で飲み・食べ・語る。
「教えたいけど、知られたくない」関西の名店。
今ここに、その秘密の情報が明らかに!

書籍版 取材・構成担当 松田きこ
地図製作 弓岡久美子(あとりえミニ)

《ご注意》
本文は放送時のもの、料金は2009年6月現在の税込価格です。メニューは、季節料理が多いため、常時お店にあるとは限りません。あらかじめご了承ください。

関西グルメ伝説、ここに完結！

『ムーブ！』唯一のグルメコーナー「勝谷誠彦の知られてたまるか！」は、食情報が氾濫する関西の情報番組で異彩を放つ存在だった。出演者がおいしい料理に舌鼓を打ち、酒を飲み、ウンチクを語るさまを映像で流しながら、その店名も場所も一切教えない、情報として意味をなさないコーナーが4年半続いたのだ。

第1回の放送は2004年11月30日。下町の屋台のようなお好み焼き屋で、鉄板の上にフランス料理が出され、ワインセラーには手ごろな価格のワインが30種類、シメにはお好み焼きという風変わりな店が選ばれた。『ムーブ！』コメンテーターの勝谷に同行したのは加藤アナ。酒があまり飲めず、料理のリポート中に20回もダメ出しをされたというエピソードも今は懐かしい。このコーナーに、というより勝谷に鍛えられた加藤アナの料理に関するコメントは、今や周りをうならせる説得力に満ちたものになり、ワインの値段に惑わされず純粋にその味を理解していると噂されるまでになった。

バブルのころ、当時流行したもつ鍋を食べ飽きていた堀江アナは、新鮮なもつを使った料理に驚き、「もつアナ」と呼ばれるようになった。関根アナは、主婦らしく視聴者の身近な目線でリポートしながら、勝谷と即興芝居で飲み屋の客を演じて笑いを誘い、上田アナは海外の料理を食べ歩いた経験と料理上手な知識を生かしながら、男同士の話題で盛り上がった。視聴者は、店の名前がわからないことに苛立ちながらも、出演者が気持ちよく酔っていくさまによりそい、料理人のもてなしへの思いや生き方にあたたかい気持ちになることが多かったのではないだろうか。

紹介した店は、立ち呑み・屋台・居酒屋・少しおしゃれなイタリアンやフレンチまで、オールジャンル。カップ酒から高級シャンパンまでが、手ごろな値段で楽しめる庶民的な店。料亭で修業した板前、海外から戻ったシェフ、家庭の味を出すお母さん料理人まで、作り手であるすべての料理人がこのコーナーの主役だった。振り返ってみると、社会の大きな出来事に翻弄されながらも、毎日ひたすら、来る人のために料理をする料理人たちの生きる姿勢にふれた。そういう意味では、『ムーブ!』らしいコーナーだったのかもしれない。

ここでは、放送日の都合で『勝谷誠彦の知られてたまるか!』『勝谷誠彦のまだまだ知られてたまるか!』の2冊の書籍に収録できなかった5店舗の情報を掲載している。料理写真満載の既刊2冊もぜひお読みいただきたい。

data file 01

居酒屋

肴も会話も酒がテーマ 日本酒の新たな魅力に開眼する

2009・1・6放送
本日の担当▼上田剛彦アナ

日が暮れた大阪のビジネス街を歩く勝谷さんと上田アナ。

勝 今日の店は酒好きの君にはやばいよ。

上 いつかみたいに、飲みすぎて寝ちゃったらどうしよう。

勝 こわもてのご主人だし。

上 怖いなぁ。

付出し（ひとみ人参の豆腐、天王寺蕪菜のおひたし、柿とよもぎ麩の白和え、ロマネスコカリフラワー、下仁田葱のトマトソース）＋肥前蔵心　純米吟醸　16BY

上 お酒の瓶に書かれたBYって何でしょう。

勝 ブルワリーイヤーのこと。醸造年、つまり造られた年ね。

上 日本酒は新酒がおいしいというイメージがありますが。

店 日本酒は熟成という概念があまり大事にされていないんですが、しっかり造られたお酒は熟成すると深みと丸みが出ます。まずは16BY、佐賀の肥前蔵心を冷やでどうぞ。

上 佐賀県でも日本酒を造ってるんですか?

勝 日本酒を造っていない県は鹿児島県だけです。山田錦を兵庫県の次にたくさん作ってるのは福岡県ですから。

上 このお酒、味がのってます。甘すぎも辛すぎもせず。

勝 山田の9号を使って、米をエキスにしてそのまま溶かしたような旨み。五臓六腑にしみわたるというか、スムーズに体に入ってくるね。

(上)野菜中心の美しい付出しです。人参豆腐はねっとり、天王寺蕪の葉はシャキシャキ。野菜の甘みがいいですね。塩辛くないのに酒に合う。

(勝)ブロッコリーみたいな色のカリフラワーにはトマトソース。なのに、ワインじゃなくて日本酒に合う。

(上)日本酒がすすむ料理です。今夜は僕、つぶれてもいいですか。

(勝)よし、飲もう！

(上)日本酒ってどうやって保存するんでしょう。

(勝)冷蔵庫保存だと色が変わらず味が丸くなって、常温保存だと紹興酒のようになる。その地域の気候も重要です。ただ置いとけばいいというものではないんだよ。

鮪、アボカド、クリームチーズのわさび醤油和え
＋睡龍《すいりゅう》　生酛《きもと》純米16BY

(上)チーズの上に、海苔とダシ割醤油がたっぷりですね。

(勝)女の子が喜びそうな味だね。

(店)今から、燗酒でいきましょう。

(上)ご主人が燗酒を温度計で測ってますよ。

(勝)わずかな温度の差で味が変わるんだよ。その温度を何度にするかは、ご主人の経験値。

(上)さっきまでは、ご主人が怖くて震えてましたが、今は料理と酒への期待で震えています。あ、ご主人が盗み飲みした！

(勝)違うよ、温度と味を確認してるんだよ。温度計で測る味と自分の舌が感じる味は違うんだ。

(上)けっこう熱めで、舌の両側にじゅーっと感じる。アボカドのとろーり、ぬるーりと合います。

(勝)水をお代わりしとこう。

鷹勇《たかいさみ》　純米酒　勇翔《ゆうしょう》

(上)お客さんの注文の仕方がプロで

日本酒を飲む時は水を飲む。これを「和らぎ水」という。

すね。○○BYの△△って指定してますよ。大阪の方ですか？

（客）和歌山の酒蔵で仕事をしています。

（上）本当にプロだ（笑）。

（勝）和歌山は結構酒どころですよね。

（客）年間を通して売る酒に加えて季節ごとに商品が出ます。冬は新酒、夏は吟醸、純米吟醸、秋は冷おろし。銘柄は同じでも、酒屋さんごとの要望に応えた酒造りをしている蔵も多いです。今、私がいただいてるのは鳥取の鷹勇です。

（勝）がっつりした酒ですね。

（上）何か浮いてますよ。

（勝）滓《おり》ですね。鳥取には、国税局の鑑定官として蔵を指導しておられた上原先生がおられてね。もう亡くなられたけど、この先生が「酒は蒸し」だと言われた。酒の品質と味は米の蒸し方で決まると…。何か俺、おたくみたいだな。

（上）ガンダムのプラモデルを語る、みたいなマニアックな世界です。いいなぁ、ひたすら酒ですよ。

（勝）燗をすると滓の旨みが出て味が際立つね。3年熟成、これは大人の味だね。キレイな若いおねえちゃんにうつつをぬかす時代もあったけど、大人の味がわかるようになった、みたいな感じ。

（上）ドライフルーツのようなあと味です。

（勝）しかしここは男っぽい店だね。

（上）隣の人の酒が気になります。

（客）一杯いかがですか？

（上）えっ、いただけるんですか！

（勝）取材なのにとうとう、隣の人から酒をせびるようになったか…。

（客）辨天娘　純米にごりです。

（上）にごり酒を燗につけるとは。

（勝）くやしいな。俺にも一杯ください。

（上）お酒のプロに囲まれて、うかつな発言をしないように気をつけなくては。

申し訳ありません。

板持海老芋天王寺蕪蒸し＋辨天娘　青ラベル17ＢＹ

㊙勝 辨天娘のにごりじゃないほうを熱めの燗で。

㊤ 爽快感があるお酒ですね。すまし汁みたいなおいしさ。

メニュー

◆**エビス生ビール**……500円
◆**日本酒**……5勺300円～、8勺450円～、1合600円～
◆**付出し**……500円
◆**マグロ、アボカド、クリームチーズのわさび醤油和え**……1000円
◆**板持海老芋蕪蒸し**……800円
◆**鱈白子とポワローネギ醤油焼き**……1400円
◆**岩手県短角牛のたたき、法蓮草のソース**……1500円
◆**牡蛎と野菜の和風ペペロンチーノ**……1500円

㊙勝 鳥取県若狭町ですね。辨天娘は、味がどんどん良くなってますね。アミノ酸が強いんです。17ＢＹだから、3年ねかしの古酒です。精米具合70％という、いわゆる磨きぬいた高い酒じゃない。蔵の技術と、これを燗につけたマスターの技術です。

㊤ 娘という割にはしっかりした味ですね。

㊙勝 じゃあ、辨天熟女？

㊤ ちょっとざらっとした雰囲気。

㊙勝 それは俺も好きかも(笑)。

㊙店 天王寺蕪と富田林の海老芋です。

㊤ 芋が口の中で、ほろほろとろけて。カブラが甘いですね。

㊙勝 薄味で上品で、これはもう料亭の料理ですよ。酒飲みの背中をポンと押してくれる味。次から次へと新たな手が出る。舌がおごり高ぶっている時にすっと流れてくる。ケバい女と付き合ってきて、最後にすっとした女性と付き合うみたいな(笑)。

㊤ 楽しいなぁ。

㊖ 上田はもうつぶれそうです。

鱈白子とポワロー葱醤油焼き＋日置桜　純米酒生酛強力16ＢＹ

㊖ 葱のほろ苦さと白子の濃厚さ。

㊤ 料理と出合った瞬間に、お酒がその持ち味を発揮しますね。

㊖ この酒は、「強力」という復古米、昔作られていて今は作られなくなった米を復活させて造っています。

㊤ 香りがふわっとさしますね。

㊖ ご主人、なんで鳥取の酒にこだわってるんですか？

㊢ 好きなものを集めたら、たまたまそうなったんです。飲み飽きないんです。

㊤ まさに食中酒ですね。なんで鳥取の酒はおいしいんでしょう。

㊖ 小さな町の小さな蔵だから、エンドユーザーの声が届きやすくて、そこで微調整してるんでしょうね。

岩手県短角牛のたたき、法蓮草のソース＋竹鶴《たけつる》雄町純米にごり17ＢＹ

㊤ 世界一、日本酒と牛肉のたたきの牛肉が合いますね。箸が止まらない。

㊖ 法蓮草が触媒になって肉の生々しさを和らげている。この不思議な旨さに、にごりのまろやかさが合う。ここはお客さんがみんな明るくていいね。景気の話してないもん。酒の話ばっかりだよ。燗をつけるご主人がすごく楽しそうで、酒を肴に酒を飲むような店。

㊤ 初めはご主人が怖かったけど、今はもう、抱きしめたいくらいです(笑)。

㊖ この店では、酒のセレクトをご主人にお任せするのがいいね。いくら僕でもＢＹはわからないからね。竹鶴は広島の竹原という美しい町で造られたにごり酒です。

(上) にごりって冷やのイメージですけど、今日はずっと燗ですね。

(勝) その技術をここに味わいに来てるんですね。焼酎や酎ハイは置いてないんですよ。でも敷居は高くない。

牡蠣と野菜の和風ペペロンチーノ＋群馬泉　山廃純米吟醸19BY

(上) すごくいい香りです。キノコが牡蠣の旨みを含んで、そのエキスが酒を引き立てる。

(勝) これは酒飲みには禁じ手だわ。

(上) 完璧なイタリアンのパスタに純米吟醸を燗にして合わせるとはすごいですね。酒がわかる人と来たい店ですね。

(勝) 下心を持って、おねえちゃんと来る店じゃないよね。

(上) 日本酒を話題にして飲みたい店です。

(勝)(上) 探せるもんなら探してみ。

蔵朱《くらっしゅ》

住所――大阪市中央区南新町2-3-1
スタークィーンビル2F

電話――06-6944-5377

営業時間－11:30 ～ 13:30（月曜～金曜）、17:30 ～ 23:30

休み――日曜、祝日は不定休

予約――可

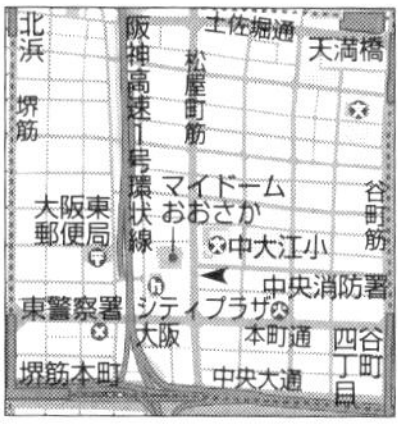

data file 02

沖縄料理

野菜たっぷり塩もつ鍋にビオワイン楽しさ満開アジアンエッセンス

2009・1・20
本日の担当▼乾麻梨子アナ

入社3年目の、まだ初々しい乾アナを連れて沖縄料理店へ。

和牛のたたき柚子胡椒ポン酢＋トゥレーヌソーヴィニヨン

乾 上等な海の家みたいな雰囲気の店ですね。
勝 正月明けの収録で、何というコメント(笑)。言いたいことはわかるよ。看板からしてポップで陽気さいっぱいな店だからね。とりあえずロワールのビオワイン「トゥレーヌソーヴィニヨン」で乾杯。
乾 乾杯。はちみつかジュースみたいに甘いです。
勝 微発泡で甘いけど、コクがあってトゲトゲしていないね。ボディがしっかりしてます。しかし、今日の君、どんぐりみたいだ。
乾 髪型変えたんです。
勝 性格もどんぐりじゃないか。お池にはまってさあ大変♪みたいな。
乾 何ですかそれ!
勝 まぁ、食べよう。
乾 はい。いただきまーす。
勝 娘に言ってるみたいだ。
乾 はい、お父さん。
勝 はよ、食え(怒)。
乾 お肉を食べてから飲むと、ワインがきりっとした味に変わりました。スパークリングワインが口の中でしゅわしゅわしゅわって強くはじけて気持ちいいです。玉ねぎがしゃきっとしてます。周りのいぶしてるところが香ばしい。

勝 君、いぶすと炙るを間違えてるよ。いぶすはスモーク、たたきは炙る。これは焼いてあるから炙る。

乾 そうなんだ(笑)。

勝 この子のリアクションに、俺はどう返せばいいんだか…。思いがけないところからジャブが出てきて、話題がどんぐりみたいに転がっていく。

乾 拾ってくださいよ。

勝 どじょうに拾ってもらえ!

グルメリポートはまだまだ初心者です。

もずくの天ぷら

乾 お酢の中に入ってないもずくって初めてだ。

勝 それを言うなら「酢の物」。

店 沖縄では天ぷら、味噌汁、スープにも、もずくを使います。

勝 海草は健康食だね。お塩をかけて食べなさい。

乾 はい、お父さん。あちっ!

勝 まさかこの大きさをひと口でいくとは思わなかった(笑)。ゆで卵くらいあるよ。気をつけなさいよ。

乾 海のいい香りがします。火を通しても風味が残ってますね。あ、勝谷さん、熱いから気をつけてくださいよ。

勝 僕は小さく切ったから大丈夫だよ。もずくの隙間に天ぷらの衣が入り込んで、もちもちしてる。まさに潮の味だね。かきあげ丼みたいに天つゆをかけてもおいしいだろうね。

島ブタのらふてー+キュヴェブー(赤ワイン)

乾 沖縄料理だから、そろそろオリオンビールが出てくるかと思っていました。かわいいブタのラベルがついてるワインです。辛くないですね。ミディアムだ。

勝 あのね、ミディアムっていうのは味じゃなくてボディのこと

「ボディ」とはワインの味わいを表現する用語。「ミディアムボディ」とは、ほどよいコクを表す。

を言うの。

乾 そうなんですか、覚えておきます。このらふてー、脂肪のところがプルプル。きっとコラーゲンいっぱいですね。

勝 島ブタのバラ肉だね。熱さを確かめてから食べなよ。まったく本当に娘を連れてるみたいだ。

乾 んんんん。

勝 そんなに頬張ったらしゃべれないよ。またしてもひと口でいくとは思わなかったな。カメラが回ってるんだから、皿にとって切り分けて、箸でつまんで、「見事な脂肪です」とか言って、「この脂肪のプリンのようなやわらかさ、プリプリ食感と肉がミルフィーユのように重なって、これに赤ワインを合わせると！」ってリポートするんだよ。

乾 すみませーん。私もやってみます。脂肪のところにしみ込んだ味がとろけていきます。おいしいです。これに赤ワインをいただきます。今、海が見えました。

勝 赤ワインとブタの三枚肉で、何で海なんだ。汗かいてきたよ。

乾 暑いんですか？

勝 誰かさんのせいでイヤな汗かいてるんだよ（怒）。

乾 じゃぁ、もう一度リポートします。脂身のところがスープみたいにとろけます。赤身のところは噛むたびに味が広がる。よく味がしみてます。

勝 味がしみにくい赤身の繊維にしっかり味がついてるのは、料理人の腕だね。ワインがよく合います。

和牛もつのニラ玉炒め

勝 ここは沖縄料理だけど、もつがうまい。頬張りすぎないように気をつけて。

乾 はい。ニラのいい香りがします。

勝 卵の色を見てよ。オレンジ色でしょう。もつに焦げ目をつけて、パリッとさせてからニラと卵を入れてる。歯ごたえの残る炒め方もポイントだね。

乾 もつ料理って日本だけですか？

勝 フランスやイタリアでももつ料理はあるけど、日本のように新鮮なものは少なくて、ソースで和えることが多いかな。日本の中でも大阪は特に新鮮なものが手に入るからね。

乾 しっかりした味で食が進みます。ご飯が欲しくなりますね。

メニュー

◆プレミアムモルツ(生)……500円
◆オリオンビール(生)……580円
◆トゥレーヌソーヴィニヨン……5000円
◆赤ワイン　キュヴェブー……3500円
◆和牛のたたき、柚子胡椒ポン酢……880円
◆もずくの天ぷら……580円
◆島ブタのらふてー……650円
◆もつのにら玉……600円
◆塩もつ鍋……1500円
◆バターそば……300円

塩もつ鍋

乾 待ってました。お鍋です。スープが透き通ってますね。

勝 水菜にレタスにモヤシにゴボウ、すごい量の野菜と牛もつに島ブタ。コクのある味ですね。

店 スタッフオリジナルです。

勝 マスターは沖縄の人ですよね。

店 はい。食の道に進むなら絶対大阪だと思って、こちらで修業をして、いいスタッフと出会って、この店が生まれました。沖縄出身の人がよく来てくれるんですが、大阪と同じように沖縄は人と人の距離が近いので、知らない人同士が初対面でも友達みたいになっています。

勝 あっ、鍋がふいてきた。乾くん、お玉持って何をやろうとしてるの？　君は触わらないでいいよ。

乾 すみませーん。

出た！　鍋奉行

勝 アクが出ないということは下処理がよくされてるんだね。

乾 いい匂い。野菜の色がキレイです。

勝 水菜にも火が通ったし、よしOK。はい、よそってあげるから食べなさい。

乾 ありがとうございます。もつ自体が甘いですね。レタスも食べよう。

勝 それは水菜。こっちがレタス。

乾 はい(笑)。レタスの繊維がやさしくてサラダとは違いますね。

勝 レタス鍋っていうのもあるからね。ゴボウもいい味が出てるよ。

禁じ手登場

乾 もつから出る旨みでどんどんいける。無言で食べたい。

勝 僕がしゃべるから、食べてていいよ。

乾 食道で食べてる感じ、あったかい。

勝 言いたいことはわからんでもないが…。温かい食べ物が喉から食道を伝って胃に入ることを表現したいんだね(笑)。柚子胡椒を入れたらもっとおいしいよ。

乾 辛い!

勝 入れすぎだよ!

乾 やわらかいもつが、羽衣みたいに舌にからみつく。

勝 乾が羽衣だと言ったもつをレタスと一緒に食べてみます。うん、それぞれの食材の個性が立っているのがわかる。もつのダシも野菜のダシも出てる。沖縄出身のマスターと大阪で出会った仲間達、ふたつの街のカオスがある。

乾 めちゃくちゃおいしい。スープも飲みつくしたい。

勝 よかったね。もっと入れてあげよう。育ち盛りだからね。

乾 丸いこんにゃくがおいしいです。

勝 山形のだね。味がよくしみてます。

沖縄そば

勝 さて、仕上げはこの鍋に沖縄そばとバターを入れる。

乾　えー。あっ、ヨーロッパの味だ。

勝　塩バターラーメンはヨーロッパか？

乾　パスタみたいなんです。

勝　塩味のスープだからできるバター味。いい香りでしょう。2〜3分煮るだけね。はい。辛みのアクセントにこーれーぐーすを入れて食べる。島唐辛子を泡盛に漬け込んだものです。

乾　バターが入ったのに、しつこくないですよ。チョコレートと泡盛のにおいがします。

勝　えっ？　黒糖の糖の香りを嗅ぎ分けてるのか君は。すごい才能だ。

乾　楽しいお料理ですね。

勝　そう、飲んで食べる席では楽しいのが一番。

泡盛菊の露　8年もの古酒

勝　泡盛飲んでみる？

乾　はい。初めてです。

勝　まろやかな菊の露、8年古酒。

乾　あ〜、胸筋が緊張する〜。

勝　あなたの表現はすごいね（笑）。

乾　臓器で感じます。

勝　すごいコピーだ。今日は完全に乾に食われました。この女子アナがハマる店、探せるもんなら探してみ！

臓器で酒を感じる女子アナ

えなっく

住所——大阪市中央区南船場2-6-9
大成ビル101
電話——06-6264-6133
営業時間－11:30 〜 14:00、18:00 〜
24:00（LO23:15）
休み——無休
予約——可

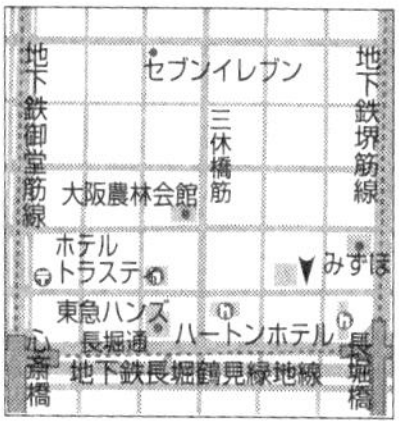

data file 03

沖縄料理

昭和の沖縄を思い出す 愛情溢れる家庭料理

2009・2・3
本日の担当▼堀江政生アナ

熟年男性がふたりで、ゆっくり語る夜は、下町尼崎のおふくろの味。

勝 どうですか、僕が生まれ育ったホームタウンの店です。

堀 気取らないお母さんが迎えてくれて、「知らたま!」の原点に戻ったみたいですね。最近ちょっとおしゃれな店が増えてましたから。

勝 スタートのころは屋台や立ち呑みが多かったですからね。

ここは、沖縄県人会の人がよく来るんです。尼崎は高度経済成長のころに、九州・沖縄の人がたくさん働きに来た街なんです。

立ち呑みデビューは「知らたま!」です。By堀江

堀 小さいころを思い出すような家庭的な雰囲気ですね。100円入れて歌うカラオケが置いてありますね。もう使ってないんですね。あ、串に刺した酢イカがある。これおつまみですか?

勝 大きな瓶に入って、昭和40年代の駄菓子屋さんに並んでましたね。今日は尼崎になじんだ沖縄の味。いや、ここのお母さんの家庭料理をいただきます。

ミミガーイリチャー

堀 お母さん、いただきまーす。ブタの耳がコリコリしてますね。ニラと玉ねぎが甘い。こういう野菜たっぷりの炒め物って元気が出ますね。

勝 ミミガーが分厚くて、ゼラチン質のところがプ

リッとしてね。家庭のコンロで普通のフライパンで作ってるお母さんの味だね。

店　おいしいですか?

堀　おいしーい。

勝　もうすぐ番組がなくなるから、東京の家賃払えなくなって、実家に戻ってきて、ここで晩ご飯食べてるかも(笑)。

堀　何言ってんですか。

勝　僕なんてひとりもんだから、自由にどこでも行ける。

堀　僕は、無駄にいろんなものしょってるなぁ(笑)。

勝　無駄じゃないでしょう。しかし、ほっこりする味です。ご飯が欲しいね。しみじみしますね。ブタの耳は一頭にふたつ。切ったら生えてくる。

堀　まさか!　ツノじゃないんだから。かみさんのツノはすぐ生えるけどね(笑)。

コンビーフ(沖縄風)＋泡盛　残波《ざんぱ》

堀　細かくしたコンビーフとせん切りキャベツを合わせて、炒めたただけのシンプルさがいいね。

勝　沖縄らしい米軍文化の味だね。

堀　しかし、最近コンビーフ食べなくなったなぁ。

勝　他にいろいろおいしいものができたからね。日本的な懐かしさを覚えるね。

堀　パンの上にのせたら、止まらないよ。

勝　子どものころ、パンにいろんなものをのせて食べてたね。

堀　勝谷さんのように、いろいろ食べ歩いてきた人でも、こういう素朴なのがいいの?

勝　なめられてるみたいで悔しいけど、おいしい。シンプルに炒めてるだけのコンビーフの味なんだけど、愛情がこもってるよね。

堀　お母さん、なんでカウンターに鉄板があるの?

店　10年間お好み焼き屋だったんです。昭和37年に

立派に成長しました！

沖縄から関西に出てきて、ずっと事務員をしていたんですが、店がやりたくてまずお好み焼き屋を始めました。それが、家用に作った沖縄料理に人気が出てきて、いつの間にかこちらがメインになりました。そういえば近所の人が、よく勝谷さんの小さいころの話をしてますよ。

勝　生まれ育った街ですからね。当時は前を向いて席に座れなかった子どもでした。

堀　今は2時間の番組でもちゃんと座っていられるようになりましたね(笑)。

店　私が子どものころは、米軍が山の中で演習をしていて、その後に山に入ると、開けていない缶詰がそのまま置いてあったんです。大人はそれを拾いに行っていたんです。はずかしいけどね。その中にコンビーフがありまして、生は怖いから野菜と炒めて食べていたんです。

勝　沖縄の人の哀しい体験ですね。もしかしたら米兵も、わざと置いていったのかもしれないですね。

店　米軍からは、缶詰の無償配給もあったんです。本土に来るのにパスポートが必要だった時代ですから。

角煮

勝　上品な味。くたくたに煮てないんですね。

堀　噛めば噛むほど味が出る。皮がしこしこ、脂がとろとろ、肉がさっぱり。この店の雰囲気とはまた違ったグレードアップ感。

店　角煮は家や店によって味がちがうんです。わが家の味はこれ。泡盛の残波も入れています。

堀　辛くもなく、甘すぎず。味がやわらかいですね。脂の味と肉にしみこんだ醤油の味が口の中で融合する。

勝　ブタの脂の旨みが出てますね。お母さんがまたコンロに向かい始めました。次は何が出てくるんだろう。

店　さあ、何でしょう。

堀　いいねー。実家でお母さんとしゃべってるみたいだ。

ゴーヤーチャンプル

店　ゴーヤーは、少し歯ごたえがあって苦いですよ。

堀　すさまじいゴーヤーの量だよ。確かに苦めですね。

メニュー

◆**生ビール**……450円／ビン500円
◆**泡盛残波**……490円
◆**菊正宗樽酒**……400円
◆**ミミガーイリチャー**……500円
◆**コンビーフ(沖縄風)2人前**……900円
◆**ゴーヤーチャンプル**……600円
◆**焼きそば(ソース・醤油)**……650円
◆**沖縄そば**……700円

「知らたま!」で数々の本当のおいしさを知った!

勝　酒飲みにはいいね。

堀　僕、前はゴーヤーが苦手だったんですが、「知らたま!」で食べることによって鍛えられました。

勝　この炒め方、味付け、シンプル・イズ・ベスト。本当に家族のために作ってる感じです。

店　こっちの人は苦味に慣れてないから玉ねぎを入れたんです。沖縄の人は、玉ねぎを入れると怒るんですよ。だから、お客さんによって変えてます。分量どうのこうのじゃなくて、自分の舌だけが頼りなんです。頼まれて作り方を教えたりするんですが、なかなかマネできないと言われます。

勝　家庭の味が一番ですね。お母さんが「知らたま!」の中で一番の料理人だったりして。

店　田舎ものですから、心を込めているだけですよ。

勝　尼崎の世界遺産に認定したい味だ。

堀　子どもを連れて来たいね。本土復帰前の沖縄の話を聞けば、歴史を知ることができる。

(勝) 自分が毎日来たい店、それが「知らたま!」の原点です。

焼きそば

(堀) 麺がもちもちしてカツオブシの香りがいい。醤油味はソース味より爽やかだね。

(勝) これはハマるわ。子どものころに戻ったみたいだ。

(堀) 外で食べてる気がしないね。

(勝) キャベツもおいしい。今日はコメントが、おいしいとしか言えない。

(堀) いつもの味蕾がどうのこうのというウンチクはいらないですね。まごころですよ。

(店) まごころはいつもの倍入れました(笑)。

(勝) こーれーぐーすください。焼きそばにかけます。

(堀) マヨネーズをかけるみたいに大胆に! ダメだよ。入れすぎだよ。

(勝) 僕はたっぷりかけるのが好きなんだ。辛さに対しては異常かもしれない。タイ人にも韓国人にも言われたくらい。この辛みで、味の輪郭がしゃきっとするんだよ。

(堀) 辛すぎるよこれ! 火をふきそう。

おでん+菊正宗 樽酒

(堀) おでん鍋からいい香りがしてきた。僕はこれをもらいます。昆布ダシがきいていておいしい。勝谷さんはいいの?

(勝) 食べたいけど、僕は今日は沖縄気分なの。

(堀) さっきから灘の菊正宗飲んでるじゃない。それ、今日何杯め?

(勝) いいんだよ。すぐ家に帰れるんだから。

(堀) 厚揚げおいしいなぁ。勝谷さん、あげようか。

(勝) いいんだ今日は。もうすぐ沖縄そばがくるから。

(堀) 何、意地はってるんですか(笑)。

沖縄そば

(勝) まずトッピングのスペアリブからいって。

堀 骨付きですよ。スープがギトギトしていなくて、思ってたよりあっさりしてる。

勝 中の脂がうまく抜けて、カツオのダシもいいね。もうひとつ肉あげるよ、麺と一緒にいって。

堀 いいんですか。昔流行った「一杯のかけそば」の話みたいだ。

勝 一杯の沖縄そばを大の男がふたりで分け合う、かわいそうだね(笑)。

堀 沖縄スピリッツを感じる味ですね。

勝 生まれた地で、こんな味に出合えるとは。本来沖縄の家庭では、スペアリブを手間をかけて下処理して、こういうふうにあっさりと料理していたんだろうね。昭和40年代に本土に出てきた人が伝えた味が広まるうちに、いつの間にか脂っこいのが定番になってしまった。きっとこれが、昔の沖縄料理の味なんだね。

堀 ここに沖縄本来の味が残っていました。あぁ、お母さんに気持ちを奪われた。引き込まれて行く〜。

一杯のかけそば」とは、平成元年に日本中が涙した話。映画化もされた。

勝 「知らたま!」の原点とも言える家族の味。探せるもんなら、

勝

堀 探してみ!

おふくろの味　さっちゃん

住所――尼崎市七松町2-2-20
電話――06-6416-8005
営業時間－18:00～24:30
休み――水曜
予約――可

data file 04

居酒屋

大皿に並ぶおばんざいに込めた老舗居酒屋30年の味

2009・2・17
本日の担当▼上田剛彦アナ

これぞ本物のザ・居酒屋

新たに作るメニューは年間数千とも言われる。そんな伝説の居酒屋を訪ねて灘に足を延ばす。

しいたけミンチ包み

上 カウンターに大皿がいっぱいだと嬉しくなりますね。

勝 まずは温かいものをたのんでみよう。

上 これは餃子ですか？ カツオのダシがきいた濃い目のお吸いものに浮かんでいるのが、ミンチと半分に切った椎茸を皮に包んだもの。やさしい味です。

勝 中華料理屋の水餃子とは違うね。

上 いきなり椎茸のいい味で、ひと皿目ですでに味に酔いしれています。

ホンコン焼きそば

勝 これは何料理っていうんだろうね。ドライな感じの細い麺に、エビの卵が入ってます。

上 中華風ですね。マカオで食べた味です。

勝 オイスターソースでシンプルな味の焼きそばです。

上 中華麺のチープな雰囲気がいいですね。

勝 エビの味が勝ってる。干物の味、ひなたの香り、アジアだ〜。

上 家が近かったら、毎日来るだろうな。カウンターのすみっこが僕の指定席になっててね。

どてやき

上　味噌に封じ込まれる肉の旨み。

勝　肉が大きい。どてやきは、本来は大阪のジャンクソウルフードだけど、味が完成している。この店はメニューの数がすごいんだ。

上　しかも値段が安いですよ。

勝　阪神電車に乗って来て食べても安上がりだよ。

上　そうか、朝日放送から電車1本で来れるんだ。

寒ブリおろしポン酢ゆず風味＋舞姫　特別純米酒

勝　舞姫は諏訪の日本酒。僕の母方の里が諏訪で、昔は酒を造っていて、そちらは樽姫という銘柄だったそうです。

上　へぇー。その遺伝子で勝谷さんはお酒にうるさいんだ(笑)。

勝　長崎から直送された寒ブリの刺身の上に、西洋ハーブのディルがのっている。

上　洋風の器に和の刺身、それにディル。魚の甘みと旨みを、柑橘の濃いポン酢がいっそう引き立てていますね。

勝　この季節のブリは、つけた醤油をはじくほどの脂。その脂っこさを消して旨みを引き出してさっぱりと食べるわけか。

上　オリーブオイルと相性がいいですね。ディルのすっきりした風味が日本酒と合います。カルパッチョみたい。

勝　さわやかなフュージョン(融合)ですね。

上　どんどん食べたくなっちゃう。

勝　この寒ブリ、隣のお嬢さんが食べてるのを見て欲しくなっちゃったんです。

客　あちらの初対面のお客さんにおごってもらいました。

勝　え、初対面でおごってもらった?

ディル＝セリ科のハーブ。さわやかな香りが魚料理と合う。

上 ここにひとりで来たら、女の子と友だちになれるの？

勝 違うよ。でもこういう出会いが居酒屋の素晴らしさ。

ちゃんと仕事しましょう

自家製黒焼きブタスライス＋焼酎　焼芋屋

上 粒マスタードと白髪ネギを、この大きな肉にくるんで、いただきまーす。外の香ばしさと中の甘みがすごく合った複雑な味です。ナイフとフォークで食べるような料理をお箸で食べています。

勝 酒は大分の老松酒造の焼酎。焼き芋の香りと味だ。ここは日本酒も造ってるんだよ。

上 焼きブタと焼き芋。んー合う。

勝 表面のこげ目と脂肪の旨みが…。いや、旨いねの一言でいいね。かしこまった高い店で食べたら、ウンチク言わないといけない気分になるけど、ここは居酒屋。

焼きと焼きの総合芸術

カジュアルな店でゴージャスなものを食べる、しかも値段は安い、これが「知らたま！」スピリッツ。関西の底力だね。「知らたま！」は、関西の料理人がこれだけ頑張っている、ということを伝えているんだよ。

上 涙が出そうだ。関西はこんなに力があるんだぞって言いたい。

勝 料理人だけじゃなくて、テレビ局だって、関西の底力を見せなくっちゃいけない時なんだ。

エビトマトサラダ

勝 おしゃれな器で出てきたよ。

上 エビとトマトとチーズを一緒にいただくと、高級イタリアン！

勝 これが７８０円。

上 えらく値段を強調しますね。

勝 これを見て反省する店があってもいいくらいだ。このジュレみたいなソースは何ですか？

店 玉ねぎをよく炒めた特製ソースです。

勝 醤油の味で、ぐっと和風に傾きながらも踏みとどまっている。だけどワインじゃなくて焼酎に合う。

上 白ワインでも合いそうですよ。

勝 高いのじゃなくて、イタリアの家庭で普通に飲むようなね。

上 ここは居酒屋ですもんね。

勝 この店の良心でこの値段。

上 コクのある豆腐を水切りして味わいを出したようなチーズ。

まるで高級イタリアン

勝 チーズに一味をふりかけると焼酎に合う、ということを発見しました。流行ってる店ほど、どんどんおいしいものができる。

上 旨いものの相乗効果ですね。

勝 家庭でもそう。おいしい料理がバランスよく出てくると家庭円満。

上 なるほど。耳の痛い人が多いと思います(笑)。

五橋《ごきょう》

勝 日本三名橋のひとつ、山口県岩国の錦帯橋のことを五橋って言う。この酒の名前はそこからついたものです。

メニュー

- ◆**生ビール**……400円
- ◆**舞姫特別純米酒**……400円
- ◆**焼酎焼芋屋**……400円
- ◆**しいたけミンチ包み**……400円
- ◆**ホンコン焼きそば**……500円
- ◆**どてやき**……380円
- ◆**寒ブリおろしポン酢ゆず風味**……780円
- ◆**自家製黒焼きブタスライス**……680円
- ◆**エビトマトサラダ**……780円
- ◆**軟骨つくね**……480円
- ◆**アンチョビキャベツの炒めもの**……480円
- ◆**漬けまぐろのダシ茶漬け**……400円

上　ワインみたいな味ですよ。

勝　（隣の人に）これイベリコブタですか？　ひとつもらっていいですか？

上　勝谷さん、何ねだってるんですか！

勝　仲良くなったんですよ。

客　馬のたてがみはいかがですか？

上　ひと口ください（笑）。

勝　お礼に隣のお嬢さんたちに焼酎焼芋屋を一杯ずつおごりましょう。みんなでかんぱーい。このお嬢さん方はプロですよ。居酒屋セミプロドリンカー、すごい飲んでますよ。

上　めっちゃ強いですね。

勝　しかも、もれ聞こえるウンチクもすごいです。

これぞ居酒屋の醍醐味。

軟骨つくね

勝　むこうのお兄さんのおすすめ。ミートローフみたいな大きなつくね。

上　タレが濃くて豪華です。

客　このタレと焼きがポイントです。

勝　私がしゃべろうと思ったのに…。

上　常連さんの意見は聞くもんですね。

勝　常連のみなさんとかんぱーい（笑）。

上　タレがかかったつくねを卵黄につけて食べるんですね。

勝　そう。細かい軟骨のコリコリした食感があるでしょう。

上　確かに軟骨です。

アンチョビキャベツの炒めもの＋鳩正宗　稲生《いなおい》純米

上　アンチョビに日本酒ですか？

勝　青森県の日本酒とアンチョビの出合いがあるとは考えられなかったでしょう。

上　アンチョビとキャベツにニンニクの風味がきいてシンプルにおいしい。日本酒に合います。

勝 イタリア人を迎え撃つ日本酒。
客 ほんまや。
勝 レベルの高い酒飲みが横でコメントするし、やりにくい(笑)。
上 酒好きの僕たちに輪をかけた、ものすごいお嬢さん方が隣におられる。楽しいなぁ。

漬けマグロのダシ茶漬け

勝 マグロを漬けにすることで、生臭さが押さえられているね。
上 ワサビの香りがいい。ダシの熱さでマグロが半生だ。おいしーい。
勝 マグロの赤身は香りも楽しめるんだ。それをダシとワサビとゴマが引き立てて、まるで高級料亭の味だね。居酒屋の空気感って日本独自の文化だね。隣り合った人と話をして、おいしいものを食べる。このレベルの味を提供しながら気取らない店。探せるもんなら、
勝上 探してみ！

居酒屋は日本の文化

居酒屋　なだ番

住所――神戸市東灘区御影本町4-8-17
電話――078-842-3348
営業時間－17:00～24:00
休み――なし
予約――可

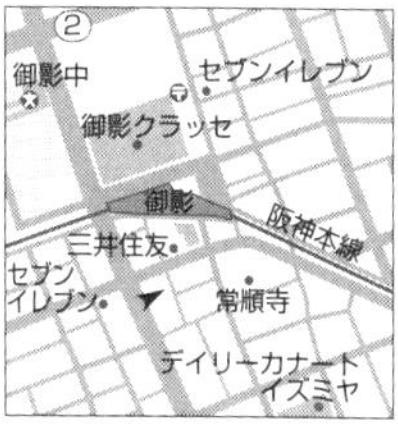

data file 05

寿司

気軽に素敵な路地裏空間 安くて旨い寿司居酒屋

2009・3・3
本日の担当▼ 関根友実・上田剛彦・加藤明子

「知らたま!」最終回のスタートは、大阪市北区ほたるまちにある朝日放送社屋から。仕事が残っているアナの見送りを受けて、勝谷さんと3人のアナが徒歩で出発。

勝 今日はどーんと豪華に寿司屋です。

関 わぁ、いちげんさんお断り、みたいなお店かなぁ。

加 このあたりも、素敵な店が増えましたね。

勝 飲み屋がいっぱいある路地をまがって、はい、到着。

上 なんか庶民的な雰囲気ですよ…。

勝 大将、いつものください。

関 よく来られるんですか?

勝 けっこうね。カウンターの中に板前さんがズラッと並んで、客の男性度もやたら高くて、最初は怖かった(笑)。

寿司居酒屋ですから…

上 なぜか奥のほうに指示を出しましたよ。板さんたちは、まったく手を動かしてないですよ。

店 全自動で料理が出てきます。

勝 嘘だよー(笑)。

上 入り口から店員さんが、料理を持ってこられましたよ。

勝 実は隣の居酒屋が同じ系列。

関 だから料理が外から来たんだ。

豚バラみそ煮込

店 勝谷さん、いつものです。

勝 寿司屋ではこれから始めるんです(笑)。

関 寿司の前に豚バラですか。箸で挟んだだけで崩れるバラ肉。まったりしたお味噌は白味噌？

上 豚肉に味噌に梅のとりあわせですよ。見てください。加藤が、一番大きいのを取りました。

加 いいじゃないですか。人肌のぬくもりの味噌がおいしい。ビール、ビール。

勝 番組の最初のころは「お酒なんて…」って言ってた子が、「ビール」って叫ぶんだから、本当によく育ちましたね。

勝手にオーダーしてます

加 この4年半、勝谷さんに育てられました(笑)。

関 これを作るのは手間がかかるでしょう。豚にもこだわっておられるんですか？

店 いえ、普通に手に入るものですよ。

上 豚とフルーティなものって合うんですよ。昨日、家でデコポンと豚で料理したんです。

手料理は任せてください。By上田

関 上田くんマメだなぁ。

勝 『知らたま！料理帖』っていうレシピブック作ったらどうだろう。監修は上田で。でも、大将、何でこのメニューなんですか？

店 寿司屋は肉系が弱いんで、うちはそこを狙おうと。

勝 いやいや、誰も寿司屋に肉を求めてきてないですよ(笑)。

店 うちは寿司屋の居酒屋なんです。

勝 お寿司と居酒屋、2倍楽しめるんだ。

白子・みすじ・刺身盛り合わせ＋四万十川　純米吟醸

勝 高知の酒ですね。

加 「四万十川」っていう名前のとおり、清流って感じ。暖かくなってきたこの季節にぴったり。

勝 いいコメントするね。始めはまったく日本酒飲めなかったからね。

加 勝谷さんに鍛えられました。

勝 育てがいがありました。定期的に加藤ちゃんと飲めるという、いいコーナーだったのにね。じゃあ、刺身いくか〜。

上 あ、板さんが動き出した(笑)。

勝 白子は、もみじおろしとポン酢でいって。

上 きれいですね。プリプリと箸から伝わる感覚からして気持ちいい。クリーミィです。

勝 加藤ちゃん、肉いってみて。

加 どれにしようかな。

上 また大きいのを本気で選んでるよ。卵黄をつぶして黄身醤油にして、これをたっぷりつけて、僕が先にみすじをいただきます。

関 どんな味?

上 すごく上品な脂です。するっと喉の奥に入っていきます。いい肉の脂は本当においしいくて、目をつむって食べると魚みたいです。

みすじ＝牛の肩甲骨の部分。細かいサシが入った霜降で赤身の旨さと脂の旨みが凝縮されている。

関 私も食べていいですか。わかるわかる。舌にまとわりつく食感。脂がいいわ。もう焼肉いらない。刹那気分です。

勝 熟女の関根さん、トロもどうぞ。

関 わー。おいしい。口の中で粒子になって、体の細胞の一部になっちゃった感じ。

勝 藤の花の形に飾られたサヨリ藤造りは加藤ちゃんかな。このサヨリのように今が春だから。

加 春よ来い!

アマダイの焼き物

関 肉厚で脂がのってますね。

加 手入れをしたお肌みたいなキレイな身ですね。

勝 すごく上品な味だね。

上 あれ、これ何だろう。

店 ウロコの揚げたものです。低温でこがさないようにじっくり揚げています。

勝 コンフィみたいだね。パリッとおいしい。

関　ウロコチップスって命名してお菓子にしたいです。本当においしくて、いい会ですね。

勝　会じゃなくて仕事だよ。

焼酎　佐藤

勝　芋焼酎の佐藤をデキャンタで。これぞ芋、というくらい香りと旨みが深い鹿児島の焼酎です。

上　僕が作ります。

勝　君は飲食店で働けるね。手つきが違う。料理もするし酒もサービスする。

関　上田くんは梅酒も自分で漬けるしね。

上　今23種類。毎年1瓶ずつ漬けてます。

白魚のかき揚げとアンコウから揚げ

店　今日は宍道湖の白魚です。

関　白魚が大きくて、太目にゆであげたスパゲティみたいですよ。

勝　何だそのたとえ。

関　豊かな味。

勝　宍道湖の美しい水の味だ。

上　アンコウは、鳥のササミの食感なのにモモみたいに脂がぎゅうっと詰まってる。

加　やさ男を想像していたら、筋肉質のマッチョが出てきたみたいな。

メニュー

- ◆**四万十川　純米吟醸**……480円
- ◆**焼酎佐藤　2合**……1720円
- ◆**穴子　一貫**……800円
- ◆**豚バラみそ煮込**……680円
- ◆**ふぐ白子造り**……1200円
- ◆**みすじ造り**……1800円
- ◆**おまかせ造り盛り合わせ**……3000円
- ◆**アマダイの焼き物**……980円
- ◆**白魚のかき揚げ**……980円
- ◆**アンコウから揚げ**……980円

勝 そんな経験あるの?

加 勝谷さん!

上 加藤が焼酎を自分で注いで飲んでるよ。めずらしい。

加 みんながいると安心しちゃう。

勝 何! 俺とふたりだとダメなのか? 加藤ちゃんとはふたりでタクシーで帰る機会もなく、ロケが終わったらすぐに「バイバイ」って、冷たいんだから。

加 勝谷さんこそ、ロケが終わったら「コンビニ寄って帰るから」って、ひとりで消えるじゃないですか。

上 コンビニに何があるんでしょう(笑)。

寿司(サヨリ、カンパチ、トロ、ウニ)

関 大きくてきれいなウニ、プリンプリンしてます。このままひと口でいきます。「知らたま!」に悔いなしのおいしさです。

勝 僕はサヨリ。サヨリさん最高だ! この店なら、値段見ずに安心して食べられる。

加 私はカンパチです。仕事がキレイですね。いただきます。

関 おいしそうに食べますね。

勝 『ムーブ!』が終わったら、加藤ちゃんの飲む姿を当分見ることができません。さみしいです。

上 加藤の食べてる姿を見るだけで酒が飲めちゃう。

勝 俺もそうだ。飲むぞ。

関 あんたらおかしいよ!

穴子

加 大きな穴子に寿司飯がロールケーキみたいに巻かれてる。

上 加藤のこぶしくらいあるね。

関 上にのった柚子がかわいいです。

勝 「知らたま!」のロケでは、穴子が多かったですね。

加 カメラが回ってなかったら、ひと口でいきたい。

上 無理でしょ。大きいよ。

加 身が甘ーい。あー本当に今日で終わっちゃうの

～？　この４年半に「ありがとう」っていう感じです。

勝　涙ぐみそう。

店　穴子には一番思いを入れてます。

関　その思いを受け止めました(涙)。穴子がほくほくです。コメントできないくらい旨いです。鼻にご飯つぶが入りました。

勝　大丈夫(笑)？　このコーナーで、ずっと穴子を食べてきました。このビッグな穴子を巻いた寿司がシメです。卒業式です。上田行け！

加　あっ、それ私の食べかけです。

勝　こらっ！　自分のを食べろ。

上　このコーナー最後のひと口が僕ですか(涙)？　いただきます。うまいです(涙)。

加　この残りを、来られなかった堀江さんにあげたい。

関　食べかけですけど。

勝　ウエタケの涙がすべてを語っている。俺も泣いちゃうな(涙)。

店　最後の店に選んでいただいて光栄です。

勝　「知らたま！」で伝えてきた関西の食文化の深さを象徴するような最終回を迎えて、僕はとても幸せです。「知らたま！」は終わりますが、「知らたま！」精神は永遠です。この仲間がいる限り！

全員　探せるもんなら探してみ！

寿しよし

住所――大阪市福島区福島5-11-6
電話――06-6453-3185
営業時間－10:00 ～ 15:00、16:30 ～ 02:00
休み――なし
予約――可

ムーブ！

多くの困難を乗り越え、
関西からスクープを発信し続けた、
"あの"番組スタッフの記録。

2009年7月27日　第1刷発行

著　　者――片瀬京子
発 行 者――内山正之
発　　行――株式会社西日本出版社
http://www.jimotonohon.com/
〒564-0044　大阪府吹田市南金田1-8-25-402
営業・受注センター
〒564-0044　大阪府吹田市南金田1-11-11-202
TEL 06-6338-3078　FAX 06-6310-7057
E-mail　jimotonohon@nifty.com
郵便振替口座番号 00980-4-181121

編　　集――河合篤子
デザイン――北尾崇（鷺草デザイン事務所）
印刷・製本――株式会社シナノパブリッシングプレス

ISBN978-4-901908-47-4